2018 版安徽省建设工程计价依据

安徽省建设工程工程量清单计价办法

（安装工程）

主编部门：安徽省建设工程造价管理总站

批准部门：安 徽 省 住 房 和 城 乡 建 设 厅

施行日期：2 0 1 8 年 1 月 1 日

中国建材工业出版社

图书在版编目（CIP）数据

安徽省建设工程工程量清单计价办法．安装工程/安徽省建设工程造价管理总站编．--北京：中国建材工业出版社，2018.1（2024.7重印）

（2018 版安徽省建设工程计价依据）

ISBN 978-7-5160-2081-4

Ⅰ.①安…　Ⅱ.①安…　Ⅲ.①建筑安装—工程造价—安徽　Ⅳ.①TU723.3

中国版本图书馆 CIP 数据核字（2017）第 264853 号

安徽省建设工程工程量清单计价办法（安装工程）

安徽省建设工程造价管理总站　编

出版发行：中国建材工业出版社

地　　址：北京市西城区白纸坊东街 2 号院 6 号楼

邮　　编：100054

经　　销：全国各地新华书店

印　　刷：北京雁林吉兆印刷有限公司

开　　本：787mm×1092mm　1/16

印　　张：13.25

字　　数：320 千字

版　　次：2018 年 1 月第 1 版

印　　次：2024 年 7 月第 3 次

定　　价：108.00 元

本社网址：www.jccbs.com　　微信公众号：zgjcgycbs

本书如有印装质量问题，由我社事业发展中心负责调换，联系电话：(010)63567692

安徽省住房和城乡建设厅发布

建标〔2017〕191号

安徽省住房和城乡建设厅关于发布2018版安徽省建设工程计价依据的通知

各市住房城乡建设委（城乡建设委、城乡规划建设委），广德、宿松县住房城乡建设委（局），省直有关单位：

为适应安徽省建筑市场发展需要，规范建设工程造价计价行为，合理确定工程造价，根据国家有关规范、标准，结合我省实际，我厅组织编制了2018版安徽省建设工程计价依据（以下简称2018版计价依据），现予以发布，并将有关事项通知如下：

一、2018版计价依据包括：《安徽省建设工程工程量清单计价办法》《安徽省建设工程费用定额》《安徽省建设工程施工机械台班费用编制规则》《安徽省建设工程计价定额（共用册）》《安徽省建筑工程计价定额》《安徽省装饰装修工程计价定额》《安徽省安装工程计价定额》《安徽省市政工程计价定额》《安徽省园林绿化工程计价定额》《安徽省仿古建筑工程计价定额》。

二、2018版计价依据自2018年1月1日起施行。凡2018年1月1日前已签订施工合同的工程，其计价依据仍按原合同执行。

三、原省建设厅建定〔2005〕101号、建定〔2005〕102号、建定〔2008〕259号文件发布的计价依据，自2018年1月1日起同时废止。

四、2018版计价依据由安徽省建设工程造价管理总站负责管理与解释。在执行过程中，如有问题和意见，请及时向安徽省建设工程造价管理总站反馈。

安徽省住房和城乡建设厅

2017年9月26日

编制委员会

主　　任　宋直刚

成　　员　王晓魁　王胜波　王成球　杨　博

江　冰　李　萍　史劲松

主　　审　王成球

主　　编　李　萍

副 主 编　孙荣芳　姜　峰

参　　编（排名不分先后）

王　瑞　仇圣光　陈昭言　赵维树

王　瑾　柳向东　李永红　陈　兵

徐　刚　卫先芳　王　丽　盛仲方

程向荣　魏丽丽　强　祥　罗　庄

参　　审　黄　峰　何朝霞　张正金　潘兴琳

赵维树　朱建华

目　　录

建设工程工程量清单计价办法

一　总　则

1. 为规范我省建设工程工程量清单计价行为，统一建设工程工程量清单计价文件的编制原则和计价方法，根据国家标准《建设工程工程量清单计价规范》及其有关工程量计算规范、《建筑工程施工发包与承包计价管理办法》、《安徽省建设工程造价管理条例》等法律法规及有关规定，结合本省实际情况，制定本办法。

2. 本办法适用于本省行政区域内新建、扩建、改建等建设工程发承包及实施阶段的工程量清单计价活动。

3. 本办法所称的建设工程包括：建筑工程、装饰装修工程、安装工程、市政工程、园林绿化工程、仿古建筑工程等。

4. 本办法是我省建设工程计价依据的组成部分，建设工程工程量清单计价活动，除应遵守本办法外，还应符合国家、本省现行有关法律法规和标准的规定。

二　建设工程造价费用构成

建设工程造价由分部分项工程费、措施项目费、不可竞争费、其他项目费和税金构成。

一、分部分项工程费

分部分项工程费是指各专业工程的分部分项工程应予列出的各项费用，人工费、材料费、机械费和综合费构成。

1. 人工费：是指支付给从事建设工程施工的生产工人和附属生产单位工人的各项费用。包括：工资、奖金、津贴补贴、职工福利费、劳动保护费、社会保险费、住房公积金、工会经费和职工教育经费。

（1）工资：指按计时工资标准和工作时间支付给个人的劳动报酬，或对已做工作按计件单价支付的劳动报酬。

（2）奖金：是指对超额劳动和增收节支支付给个人的劳动报酬。

（3）津贴补贴：是指为了补偿职工特殊或额外的劳动消耗和因其他特殊原因支付给个人的津贴，以及为了保证职工工资水平不受物价影响支付给个人的物价补贴。

（4）职工福利费：是指企业按工资一定比例提取出来的专门用于职工医疗、补助以及其他福利事业的经费。包括发放给职工或为职工支付的各项现金补贴和非货币性集体福利。

（5）劳动保护费：是企业按规定发放的劳动保护用品的支出。如工作服、手套、防暑降温饮料以及在有碍身体健康的环境中施工的保健费用等。

(6) 社会保险费：在社会保险基金的筹集过程当中，职工和企业（用人单位）按照规定的数额和期限向社会保险管理机构缴纳费用，它是社会保险基金的最主要来源。包括养老保险费、医疗保险费、失业保险费、工伤保险费、生育保险费。

① 养老保险费：是指企业按照规定标准为职工缴纳的基本养老保险费。

② 医疗保险费：是指企业按照规定标准为职工缴纳的基本医疗保险费。

③ 失业保险费：是指企业按照规定标准为职工缴纳的失业保险费。

④ 工伤保险费：是指企业按照规定标准为职工缴纳的工伤保险费。

⑤ 生育保险费：是指企业按照规定标准为职工缴纳的生育保险费。

(7) 住房公积金：是指企业按规定标准为职工缴纳的住房公积金。

(8) 工会经费：是指企业按《工会法》规定的全部职工工资总额比例计提的工会经费。

(9) 职工教育经费：是指按职工工资总额的规定比例计提，企业为职工进行专业技术和职业技能培训，专业技术人员继续教育、职工职业技能鉴定、职业资格认定、农民工现场安全和素质教育，以及根据需要对职工进行各类文化教育所发生的费用。

2. 材料费：是指施工过程中耗费的原材料、辅助材料、构配件、零件、半成品或成品、工程设备的费用。内容包括：

(1) 材料原价：是指材料、工程设备的出厂价格或商家供应价格。

(2) 运杂费：是指材料、工程设备自来源地运至工地仓库或指定堆放地点所发生的全部费用。

(3) 运输损耗费：是指材料在运输装卸过程中不可避免的损耗。

(4) 采购及保管费：是指为组织采购、供应和保管材料、工程设备的过程中所需要的各项费用。包括采购费、仓储费、工地保管费、仓储损耗。

3. 机械费：是指施工作业所发生的施工机械、仪器仪表使用费或其租赁费。

(1) 施工机械使用费：以施工机械台班消耗量乘以施工机械台班单价表示，施工机械台班单价应由下列七项费用组成：

① 折旧费：是指施工机械在规定的耐用总台班内，陆续收回其原值的费用。

② 检修费：是指施工机械在规定的耐用总台班内，按规定的检修间隔进行必要的检修，以恢复其正常功能所需的费用。

③ 维护费：是指施工机械在规定的耐用总台班内，按规定的维护间隔进行各级维护和临时故障排除所需的费用。保障机械正常运转所需替换设备与随机配备工具附具的摊销费用、机械运转及日常维护所需润滑与擦拭的材料费用及机械停滞期间的维护费用等。

④ 安拆费及场外运费：安拆费是指施工机械在现场进行安装与拆卸所需的人工、材料、机械和试转费用以及机械辅助设施的折旧、搭设、拆除等费用；场外运费是指施工机械整体或分体自停放地点运至施工现场或由一施工地点运至另一施工地点的运输、装卸、辅助材料等费用。

⑤ 人工费：是指施工机械机上司机（司炉）和其他操作人员的人工费。

⑥ 燃料动力费：是指施工机械在运转作业中所消耗的各种燃料及水、电等费用。

⑦ 其他费用：是指施工机械按照国家规定应缴纳的车船税、保险费及检测费等。

(2) 仪器仪表使用费：是指工程施工所需使用的仪器仪表的摊销及维修费用。

4. 综合费

综合费是由企业管理费、利润构成。

（1）企业管理费：是指建设工程施工企业组织施工生产和经营管理所需的费用，内容包括：

① 管理人员工资：是指按规定支付给管理人员的工资、奖金、津贴补贴、职工福利费、劳动保护费、社会保险费、住房公积金、工会经费和职工教育经费。

② 办公费：是指企业管理办公用的文具、纸张、账表、印刷、邮电、书报、办公软件、现场监控、会议、水电、烧水和集体取暖降温（包括现场临时宿舍取暖降温）等费用。

③ 差旅交通费：是指职工因公出差、调动工作的差旅费、住勤补助费，市内交通费和误餐补助费，职工探亲路费，劳动力招募费，职工退休、退职一次性路费，工伤人员就医路费，工地转移费以及管理部门使用的交通工具的油料、燃料等费用。

④ 固定资产使用费：是指管理和试验部门及附属生产单位使用的属于固定资产的房屋、设备、仪器等的折旧、大修、维修或租赁费。

⑤ 工具用具使用费：是指企业施工生产和管理使用的不属于固定资产的工具、器具、家具、交通工具和检验、试验、测绘、消防用具等的购置、维修和摊销费。

⑥ 福利费：是指企业按工资一定比例提取出来的专门用于职工医疗、补助以及其他福利事业的经费。包括发放给管理人员或为管理人员支付的各项现金补贴和非货币性集体福利。

⑦ 检验试验费：是指施工企业按照有关标准规定，对建筑以及材料、构件和建筑安装物进行一般鉴定、检查所发生的费用，包括自设试验室进行试验所耗用的材料等费用。不包括新结构、新材料的试验费，对构件做破坏性试验及其他特殊要求检验试验的费用和建设单位委托检测机构进行检测的费用，对此类检测发生的费用，由建设单位在工程建设其他费用中列支。但对施工企业提供的具有合格证明的材料进行检测不合格的，该检测费用由施工企业支付。

⑧ 财产保险费：是指施工管理用财产、车辆等的保险费用。

⑨ 财务费：是指企业为施工生产筹集资金或提供预付款担保、履约担保、职工工资支付担保等所发生的各种费用。

⑩ 税金：是指企业按规定缴纳的房产税、车船使用税、土地使用税、印花税、城市维护建设税、教育费附加、地方教育附加以及水利建设基金等。

⑪ 其他：包括技术转让费、技术开发费、投标费、业务招待费、绿化费、广告费、公证费、法律顾问费、审计费、咨询费、其他保险费等。

（2）利润：是指施工企业完成所承包工程获得的盈利。

二、措施项目费

措施项目费是指为完成建设工程施工，发生于该工程施工前和施工过程中的技术、生活、安全等方面的费用。主要由下列费用构成：

1. 夜间施工增加费：是指正常作业因夜间施工所发生的夜班补助费、夜间施工降效、夜间施工照明设施、交通标志、安全标牌、警示灯等移动和安拆费用。

2. 二次搬运费：是指因施工场地条件限制而发生的材料、成品、半成品等一次运输不能到达堆放地点，必须进行二次或多次搬运所发生的费用。

3. 冬雨季施工增加费：是指在冬季或雨季施工需增加的临时设施搭拆、施工现场的防滑处理、雨雪清除，对砌体、混凝土等保温养护，人工及施工机械效率降低等费用。不包括设计要求混凝土内添加防冻剂的费用。

4. 已完工程及设备保护费：是指竣工验收前，对已完工程及设备采取的覆盖、包裹、封闭、隔离等必要保护措施所发生的费用。

5. 工程定位复测费：是指工程施工过程中进行全部施工测量放线和复测工作的费用。

6. 临时保护设施费：是指在工程施工过程中，对已建成的地上、地下设施和建筑物进行的遮盖、封闭、隔离等必要保护措施所发生的费用。

7. 赶工措施费：建设单位要求施工工期少于我省现行定额工期 20％时，施工企业为满足工期要求，采取相应措施而发生的费用。

8. 其他措施项目费：是指根据各专业特点、地区和工程特点所需要的措施费用。

三、不可竞争费

不可竞争费是指不能采用竞争的方式支出的费用，由安全文明施工费和工程排污费构成，安全文明施工费中包含扬尘污染防治费。编制与审核建设工程造价时，其费率应按定额规定费率计取，不得调整。

（一）安全文明施工费：由环境保护费、文明施工费、安全施工费和临时设施费构成。

1. 环境保护费：是指施工现场为达到环保部门要求所需要的各项费用。

2. 文明施工费：是指施工现场文明施工所需要的各项费用。

3. 安全施工费：是指施工现场安全施工所需要的各项费用。

4. 临时设施费：是指施工企业为进行建设工程施工所必须搭设的生活和生产用的临时建筑物、构筑物和其他临时设施费用。包括临时设施的搭设、维修、拆除、清理费或摊销费等。

（二）工程排污费：是指按规定缴纳的施工现场工程排污费。

其他应列入而未列的不可竞争费，按实际发生计取。

四、其他项目费

1. 暂列金额：是指建设单位在工程量清单或施工承包合同中暂定并包括在工程合同价款中的一笔款项。用于施工合同签订时尚未确定或者不可预见的所需材料、工程设备、服务的采购，施工中可能发生的工程变更、合同约定调整因素出现时的工程价款调整以及发生的索赔、现场签证确认等的费用。

2. 专业工程暂估价：是指建设单位在工程量清单中提供的用于支付必然发生但暂时不能确定价格的专业工程的金额。

3. 计日工：是指在施工过程中，施工企业完成建设单位提出的施工图以外的零星项目或工作所需的费用。

4. 总承包服务费：是指总承包人为配合、协调建设单位进行的专业工程发包，对建设单位自行采购的材料、工程设备等进行保管以及施工现场管理、竣工资料汇总整理等服务所需的费用。

五、税金

税金是指国家税法规定的应计入建设工程造价内的增值税。

三　工程量清单计价规定

1. 建设工程工程量清单计价活动应遵循公开、公正、客观和诚实信用的原则。

2. 招标工程量清单、最高投标限价、投标报价、工程计量、合同价款调整、合同价款结算与支付、竣工结算与支付以及工程造价鉴定等工程造价文件的编制与审核，应由具有专业资格的工程造价专业人员承担。

3. 承担工程造价文件编制与审核的工程造价专业人员及其所在单位，应对其工程造价文件的质量负责。

4. 采用工程量清单计价方式招标的建设工程，招标人应当按规定编制并公布最高投标限价。公布的最高投标限价，应当包括总价、各单位工程分部分项工程费、措施项目费、其他项目费、不可竞争性费用和税金。

4. 投标报价低于工程成本或高于最高投标限价的，评标委员会应当否决投标人的投标。

5. 分部分项工程项目清单编制与审核应符合下列要求：

5.1　项目编码，应采用十二位阿拉伯数字表示，一至九位应按本办法“清单项目计价指引”中的项目编码设置。十至十二位应根据拟建工程的工程量清单项目名称和项目特征设置，自001起按顺序编制，同一招标工程的项目编码不得有重码。

5.2　项目名称应按本办法“清单项目计价指引”中的相应结合拟建工程实际，名称填写。

5.3　分部分项工程量清单的项目特征按本办法“清单项目计价指引”中规定的项目特征，结合拟建工程项目实际予以描述。

5.4　计量单位应按本办法“清单项目计价指引”中相应项目的计量单位确定。

5.5　工程数量应按本办法“清单项目计价指引”中相应项目工程量计算规则，结合拟建工程实际进行计算。工程数量的有效数应遵守以下规定：以“吨”为单位，应保留小数点后三位数字，第四位四舍五入；以“立方米”、“平方米”、“米”、“公斤”为单位，应保留小数后两位数字，第三位四舍五入；以“个”、“组”、“套”、“块”、“樘”、“项”等为单位，应取整数。

6. 措施项目清单应结合拟建工程的实际情况和常规的施工方案进行列项，并依据省建设工程费用定额的规定进行编制。遇省建设工程费用定额缺项的措施项目，工程量清单编制人应根据拟建工程的实际情况进行补充，补充的措施项目，应填写在相应措施项目清单最后。

7. 暂列金额、暂估价的累计金额分别不得超过最高投标限价的10%。

8. 计日工的暂定数量应按拟建工程情况进行估算。

9. 总承包服务费应根据拟建工程情况和招标要求列出服务项目及其内容，并根据省建设工程费用定额的规定进行估算。

10. 编制招标工程量清单时，遇到本办法“清单项目计价指引”中清单项目缺项的，由编制人根据工程实际情况进行补充，并描述该项目的工作内容、项目特征、计量单位及相应的工程量计算规则等。

11. 补充的清单项目编码应以“ZB”开头，后续编码按本办法相应清单的项目编码规则进行编列。

12. 工程量清单计价文件，应采用本办法规定的统一格式。

四 工程成本的评审

1. 对于投标报价是否低于工程成本的异议，评标委员会可以参照本办法进行评审。

2. 报标报价出现下列情形之一的，由评标委员会重点评审后界定其报价是否低于工程成本：

（1）投标报价低于同一工程有效投标报价平均值10%以上；

（2）因投标人原因造成投标报价清单项目缺漏，缺漏项总额（多算或多报总额不得抵消缺漏项目总额）累计占同一工程有效投标报价平均值5%以上；

（3）人工工日单价低于工程所在地政府发布的最低工资标准折算的工日单价；

（4）需评审的主要材料消耗量低于最高投标限价相应主要材料消耗量5%以上，且低于同一工程有效投标报价中相应材料消耗量平均值3%以上；

（5）施工机具使用费低于同一工程有效投标报价施工机具使用费平均值的10%以上；

（6）材料、设备暂估价未按要求计入分部分项工程费；

（7）管理费、利润投标费率低于0%；

（8）投标报价中的不可竞争费的费率，低于省建设工程费用定额规定的费率；

（9）投标报价中税金的费率，低于省建设工程费用定额规定的费率。

3. 工程成本评审应在开标时进行投标报价清标后进行。

五 工程量清单计价文件格式

1. 工程量清单计价文件应按本办法规定的统一的格式和内容进行填写，不得随意删除或涂改，填写的单价或合价不能空缺。

2. 工程量清单计价文件应由下列内容组成：

2.1 工程计价文件封面

2.2 工程计价文件扉页

2.3 工程计价总说明

2.4 工程计价汇总表

2.5 分部分项工程计价表

2.6 措施项目清单与计价表

2.7 不可竞争项目清单与计价表

2.8 其他项目清单与计价表

2.9 税金计价表

2.10 主要材料、工程设备一览表

3. 工程计价总说明应按下列要求填写：

3.1　工程量清单总说明的内容应包括：工程概况、工程发包及分包范围、工程量清单编制依据、使用材料（工程设备）的要求、对施工的特殊要求和其他需要说明的问题等。

3.2　最高投标限价总说明的内容应包括：采用的计价依据、采用的价格信息来源及其他需要说明的有关内容等。

4. 工程量清单计价文件统一格式：见附录A～J。

六　工程量清单计价指引

1. 本工程量清单计价指引主要包括：建筑、装饰装修、安装、市政、园林绿化和仿古建筑六个专业工程的分部分项清单项目计价指引。

2. 分部分项清单项目计价指引是将国家标准《建设工程工程量清单计价规范》、“建设工程工程量清单计算规范”与我省编制的“建设工程计价定额”有机结合，是编制最高投标限价的依据，是企业投标报价的参考。

3. 分部分项清单项目计价指引内容包括：项目编码、项目名称、项目特征、计量单位、工程量计算规则和计价定额指引。

4. 分部分项清单项目与指引的计价定额子目原则上为一一对应关系，且计算规则相同。

5. 计价指引中分部分项清单项目编码以“WB”起始的，是我省自行补充项目。

6. 建筑及装饰装修、安装、市政、园林绿化和仿古建筑工程计价指引分部清单项目主要包括：

6.1　建筑及装饰装修工程：土石方工程；地基处理与边坡支护工程；桩基工程；砌筑工程；混凝土及钢筋混凝土工程；金属结构工程；木结构工程；门窗工程；屋面及防水工程；保温、隔热、防腐工程；楼地面装饰工程；墙柱面装饰与隔断、幕墙工程；天棚工程；油漆、涂料、裱糊工程；其他装饰工程；拆除工程；脚手架工程；混凝土模板及支架(撑)；垂直运输；超高施工增加；施工排水、降水；构筑物工程。

6.3　安装工程：C.1机械设备安装工程；C.2热力设备安装工程；C.3静置设备与工艺金属结构制作安装工程；C.4电气设备安装工程；C.5建筑智能化工程；C.6自动化控制仪表安装工程；C.7通风空调工程；C.8工业管道工程；C.9消防工程；C.10给排水、采暖、燃气工程；C.11刷油、防腐蚀、绝热工程。

6.4　市政工程：土石方工程；道路工程；桥涵工程；隧道工程；管网工程；水处理工程；垃圾处理工程；其他项目。

6.5　园林绿化工程：绿化工程；园路、园桥工程；园林景观工程；其他项目。

6.6　仿古建筑工程：砖作工程；石作工程；混凝土及钢筋混凝土工程；木作工程；屋面工程；地面工程；油漆彩画工程；其他项目；徽派做法。

7. 分部分项清单项目计价指引具体内容见：建筑装饰工程清单计价指引、安装工程清单计价指引、市政工程清单计价指引、园林绿化工程清单计价指引、仿古建筑工程清单计价指引。

附录A　工程计价文件封面

A.1　招标工程量清单封面

______________________________工程

招标工程量清单

招　标　人：______________________________

（单位盖章）

造价咨询人：______________________________

（单位盖章）

年　　月　　日

A. 2　最高投标限价封面

______________________________工程

最高投标限价

招　标　人：______________________________

（单位盖章）

造价咨询人：______________________________

（单位盖章）

年　　　月　　　日

A.3 投标总价封面

______________________________工程

投 标 总 价

投 标 人：______________________________

（单位盖章）

年 月 日

A.4　竣工结算封面

______________________________________工程

竣　工　结　算

发　包　人：______________________________________

（单位盖章）

承　包　人：______________________________________

（单位盖章）

造价咨询人：______________________________________

（单位盖章）

年　　月　　日

附录B　工程计价文件扉页

B.1　招标工程量清单扉页

________________________________工程

招标工程量清单

招　标　人：________________　　造价咨询人：________________
（单位盖章）　　（单位资质专用章）

法定代表人
或其授权人：________________　　法定代表人
或其授权人：________________
（签字或盖章）　　（签字或盖章）

编　制　人：________________　　复　核　人：________________
（造价人员签字盖专用章）　　（造价工程师签字盖专用章）

编制时间：　　年　月　日　　复核时间：　　年　月　日

B.2　最高投标限价扉页

____________________________________工程

最高投标限价

最高投标限价（小写）：____________________________________

（大写）：____________________________________

招　标　人：________________
（单位盖章）

造价咨询人：________________
（单位资质专用章）

法定代表人
或其授权人：________________
（签字或盖章）

法定代表人
或其授权人：________________
（签字或盖章）

编　制　人：________________
（造价人员签字盖专用章）

复　核　人：________________
（造价工程师签字盖专用章）

编制时间：　　年　月　日

复核时间：　　年　月　日

B.3 投标总价扉页

投 标 总 价

招 标 人：______________________________

工 程 名 称：______________________________

投标总价(小写)：______________________________

(大写)：______________________________

投 标 人：______________________________

(单位盖章)

法定代表人
或其授权人：______________________________

(签字或盖章)

编 制 人：______________________________

(造价人员签字盖专用章)

时间： 年 月 日

B.4 竣工结算总价扉页

________________________________工程

竣工结算总价

施工合同价（小写）：____________________________

（大写）：____________________________

竣工结算价（小写）：____________________________

（大写）：____________________________

发 包 人：________
（单位盖章）

承 包 人：________
（单位盖章）

造价咨询人：________
（单位资质专用章）

法定代表人
或其授权人：________
（签字或盖章）

法定代表人
或其授权人：________
（签字或盖章）

法定代表人
或其授权人：________
（签字或盖章）

编 制 人：________________
（造价人员签字盖专用章）

复 核 人：________________
（造价工程师签字盖专用章）

编制时间： 年 月 日　　核对时间： 年 月 日

附录C　工程计价总说明

总　说　明

工程名称：　　　　　　　　　　　　　　　　　　　　　　　　第　　页共　　页

附录 D　工程计价汇总表

D.1　建设项目最高投标限价/投标报价汇总表

工程名称：　　　　　　　　　　　　　　　　　　　　　　　　　　第　　页共　　页

序号	单项工程名称	金额（元）	其中：（元）	
			暂估价	不可竞争费
	合计			

说明：本表适用于建设项目最高投标限价或投标报价的汇总。暂估价包括分部分项工程中的材料、设备暂估价和专业工程暂估价。

D.2 单项工程最高投标限价/投标报价汇总表

工程名称：　　　　　　　　　　　　　　　　　　　　　　　　第　　页共　　页

序号	单位工程名称	金额（元）	其中：（元）	
			暂估价	不可竞争费
合计				

说明：本表适用于单项工程最高投标限价或投标报价的汇总。暂估价包括分部分项工程中的材料、设备暂估价和专业工程暂估价。

D.3　单位工程最高投标限价/投标报价汇总表

工程名称：　　　　　　　　　　　　　　　标段：　　　　　　　　　　　　　　　第　　页共　　页

序号	汇总内容	金额（元）	其中：材料、设备暂估价（元）
1	分部分项工程费		
2	措施项目费		
3	不可竞争费		
3.1	安全文明施工费		
3.2	工程排污费		
4	其他项目费		
4.1	暂列金额		
4.2	专业工程暂估价		
4.3	计日工		
4.4	总承包服务费		
5	税金		
工程造价＝1＋2＋3＋4＋5			

说明：本表适用于单位工程最高投标限价或投标报价的汇总，如无单位工程划分，单项工程也使用本汇总表。

D.4 建设项目竣工结算汇总表

工程名称： 第 页共 页

序号	单项工程名称	金额（元）	其 中（元）
			不可竞争费
合 计			

D.5 单项工程竣工结算汇总表

工程名称：　　　　　　　　　　　　　　　　　　　　　　　　第　　页共　　页

序号	单位工程名称	金额（元）	其　中（元）
			不可竞争费
合　计			

D.6 单位工程竣工结算汇总表

工程名称： 标段： 第 页共 页

序号	汇总内容	结算金额（元）
1	分部分项工程费	
2	措施项目费	
3	不可竞争费	
3.1	安全文明施工费	
3.2	工程排污费	
4	其他项目费	
4.1	专业工程结算价	
4.2	计日工	
4.3	总承包服务费	
4.4	索赔与现场签证	
5	税金	
竣工结算造价＝1＋2＋3＋4＋5		

说明：本表适用于单位工程竣工结算价的汇总，如无单位工程划分，单项工程也使用本汇总表。

附录E　分部分项工程计价表

E.1　分部分项工程量清单计价表

工程名称：　　　　　　　　　　　　　　标段：　　　　　　　　　　　　　　第　　页共　　页

序号	项目编码	项目名称	项目特征描述	计量单位	工程量	金额（元）				
						综合单价	合价	其中		
								定额人工费	定额机械费	暂估价

E.2　分部分项工程量清单综合单价分析表

工程名称：　　　　　　　　　　　　　　　　　　标段：　　　　　　　　　　　　　　　　　第　　页共　　页

<table>
<tr><td>项目编码</td><td colspan="2"></td><td colspan="2">项目名称</td><td colspan="2"></td><td>计量单位</td><td></td><td>工程量</td><td colspan="2"></td></tr>
<tr><td colspan="12">清单综合单价组成明细</td></tr>
<tr><td rowspan="2">定额编码</td><td rowspan="2">定额项目名称</td><td rowspan="2">定额单位</td><td rowspan="2">数量</td><td colspan="4">单价</td><td colspan="4">合价</td></tr>
<tr><td>人工费</td><td>材料费</td><td>机械费</td><td>综合费</td><td>人工费</td><td>材料费</td><td>机械费</td><td>综合费</td></tr>
<tr><td></td><td></td><td></td><td></td><td></td><td></td><td></td><td></td><td></td><td></td><td></td><td></td></tr>
<tr><td colspan="3">人工单价</td><td colspan="5">小计</td><td></td><td></td><td></td><td></td></tr>
<tr><td colspan="3">（　）元/工日</td><td colspan="5">未计价材料费</td><td colspan="4"></td></tr>
<tr><td colspan="8">清单项目综合单价</td><td colspan="4"></td></tr>
<tr><td rowspan="10">材料费明细</td><td colspan="3">主要材料名称、规格、型号</td><td colspan="2">单位</td><td colspan="2">数量</td><td>单价（元）</td><td>合价（元）</td><td>暂估单价（元）</td><td>暂估合价（元）</td></tr>
<tr><td colspan="3"></td><td colspan="2"></td><td colspan="2"></td><td></td><td></td><td></td><td></td></tr>
<tr><td colspan="3"></td><td colspan="2"></td><td colspan="2"></td><td></td><td></td><td></td><td></td></tr>
<tr><td colspan="3"></td><td colspan="2"></td><td colspan="2"></td><td></td><td></td><td></td><td></td></tr>
<tr><td colspan="3"></td><td colspan="2"></td><td colspan="2"></td><td></td><td></td><td></td><td></td></tr>
<tr><td colspan="3"></td><td colspan="2"></td><td colspan="2"></td><td></td><td></td><td></td><td></td></tr>
<tr><td colspan="3"></td><td colspan="2"></td><td colspan="2"></td><td></td><td></td><td></td><td></td></tr>
<tr><td colspan="3"></td><td colspan="2"></td><td colspan="2"></td><td></td><td></td><td></td><td></td></tr>
<tr><td colspan="7">其他材料费</td><td>—</td><td></td><td>—</td><td></td></tr>
<tr><td colspan="7">材料费小计</td><td>—</td><td></td><td>—</td><td></td></tr>
</table>

E.3 综合单价调整表

工程名称：　　　　　　　　　　　　　　标段：　　　　　　　　　　　　　　第　页共　页

序号	项目编码	项目名称	已标价清单综合单价（元）					调整后综合单价（元）				
			综合单价	其中				综合单价	其中			
				人工费	材料费	机械费	综合费		人工费	材料费	机械费	综合费

造价工程师（签章）：　发包人代表（签章）： 日期：	造价人员（签章）：　承包人代表（签章）： 日期：

说明：综合单价调整表应附调整依据。

附录 F　措施项目清单与计价表

工程名称：　　　　　　　　　　　　　　标段：　　　　　　　　　　　　　　　　第　　页共　　页

序号	项目编码	项目名称	计算基础	费率（%）	金额（元）
1		夜间施工增加费			
2		二次搬运费			
3		冬雨季施工增加费			
4		已完工程及设备保护费			
5		工程定位复测费			
6		临时保护设施费			
7		赶工措施费			
8		其他措施项目费			
10					
11					
12					
合计					

附录G 不可竞争项目清单与计价表

工程名称：　　　　　　　　　　　　　　　　标段：　　　　　　　　　　　　　　　第　页共　页

序号	项目编码	项目名称	计算基础	费率（%）	金额（元）
1		环境保护费			
2		文明施工费			
3		安全施工费			
4		临时设施费			
5		工程排污费			
6					
7					
8					
10					
11					
12					
合　计					

附录H 其他项目清单与计价表

H.1 其他项目清单与计价汇总表

工程名称： 标段： 第 页共 页

序号	项目名称	金额（元）
1	暂列金额	
2	专业工程暂估价	
3	计日工	
4	总承包服务费	
合计		

H.2 暂列金额明细表

工程名称：　　　　　　　　　　　　　　标段：　　　　　　　　　　　　　　第　　页共　　页

序号	项目名称	计量单位	暂定金额（元）	备注
合　计				—

说明：此表由招标人填写，如不能详列，也可只列暂定金额总额，投标人应将上述暂列金额计入投标总价中。

H.3 专业工程暂估价计价表

工程名称：　　　　　　　　　　　　　标段：　　　　　　　　　　　　第　　页共　　页

序号	工程名称	工程内容	金额（元）	备注
合　计				

说明：此表中“金额”由招标人填写。投标时，投标人应按招标人所列金额计入投标总价中。结算时按合同约定结算金额填写。

H.4 计日工表

工程名称：　　　　　　　　　　　　　　　　　　标段：　　　　　　　　　　　　　　　第　　页共　　页

编码	项目名称	单位	数量	综合单价	合价（元）
一	人工				
1					
2					
3					
4					
人工费小计					
二	材料				
1					
2					
3					
4					
5					
6					
材料费小计					
三	施工机械				
1					
2					
3					
4					
施工机械费小计					
合计					

说明：此表项目名称、数量由招标人填写，编制最高投标限价时，综合单价由招标人按有关计价规定确定；投标时，综合单价由投标人自主报价，按招标人所列数量计算合价计入投标总价中。结算时，按发承包双方确认的实际数量计算。

H.5 总承包服务费计价表

工程名称：　　　　　　　　　　　　　标段：　　　　　　　　　　　　　第　页共　页

序号	工程名称	项目价值（元）	服务内容	费率（%）	金额（元）
1	发包人发包专业工程				
2	发包人供应材料				
合　计					

说明：此表项目名称、服务内容由招标人填写，编制最高投标限价时，费率及金额由招标人按有关规定确定；投标时，费率及金额由投标人自主报价，计入投标总价中。

附录I 税金计价表

工程名称：　　　　　　　　　　　　　　　　标段：　　　　　　　　　　　　　　　　第　页共　页

序号	项目名称	计算基础	计算基数	费率（%）	金额（元）
1	增值税	分部分项工程费＋措施项目费＋不可竞争费＋其他项目费			
	合计				

附录J　主要材料、工程设备一览表

J.1　材料（工程设备）暂估单价一览表

工程名称：　　　　　　　　　　　　　标段：　　　　　　　　　　　　　第　　页共　　页

序号	材料（工程设备）名称、规格、型号	计量单位	数量	单价（元）

说明：此表由招标人填写，投标人应将上述材料（工程设备）暂估单价计入工程量清单综合单价报价中。

J. 2 发包人提供材料（工程设备）一览表

工程名称： 标段： 第 页共 页

序号	材料（工程设备）名称、规格、型号	计量单位	数量	单价（元）	合价（元）	备注

说明：此表由招标人填写，供投标人在投标报价、确定总承包服务费时参考。

J.3 承包人提供材料（工程设备）一览表

工程名称：　　　　　　　　　　　　　　　　标段：　　　　　　　　　　　　　　　　第　　页共　　页

序号	材料（工程设备）名称、规格、型号	计量单位	数量	风险系数（%）	基准单价	投标单价	备注

说明：1. 此表由投标人在投标时自主确定投标单价，其他内容由招标人填写。

2. 招标人应优先采用工程造价管理机构发布的单价作为基准单价，未发布的，通过市场调查确定其基准单价。

附录 A　机械设备安装工程

A.1　切削设备安装

切削设备安装工程量清单项目设置、项目特征描述的内容、计量单位及工程量计算规则，应按表 A.1 的规定执行。

表 A.1　切削设备安装（编码：030101）

项目编码	项目名称	项目特征	计量单位	工程量计算规则	定额编号
030101001	台式及仪表机床	1. 名称 2. 型号 3. 规格 4. 质量 5. 单机试运转	台	按设计图示数量计算	A1-1-1～A1-1-3
030101002	卧式车床				A1-1-4～A1-1-20
030101003	立式车床				A1-1-21～A1-1-38
030101004	钻床				A1-1-39～A1-1-52
030101005	镗床				A1-1-53～A1-1-71
030101006	磨床				A1-1-72～A1-1-88
030101007	铣床				A1-1-89～A1-1-107
030101008	齿轮加工机床				A1-1-89～A1-1-107
030101009	螺纹加工机床				A1-1-89～A1-1-107
030101010	刨床			按设计图示数量计算	A1-1-108～A1-1-125
030101011	插床				A1-1-108～A1-1-125

续表

项目编码	项目名称	项目特征	计量单位	工程量计算规则	定额编号
030101012	拉床	1. 名称 2. 型号 3. 规格 4. 质量 5. 单机试运转	台	按设计图示数量计算	A1-1-108～A1-1-125
030101013	超声波加工机床				A1-1-126～A1-1-131
030101014	电加工机床				A1-1-126～A1-1-131
030101015	金属材料试验机械				A1-1-132～A1-1-144
030101017	木工机械				A1-1-145～A1-1-150
030101018	其他机床				A1-1-132～A1-1-144
030101019	跑车带锯机				A1-1-151～A1-1-156
WB030101001	其他木工机械				A1-1-157～A1-1-159
WB030101002	带锯机保护罩制作与安装				A1-1-160、A1-1-161

A.2 锻压设备安装

锻压设备安装工程量清单项目设置、项目特征描述的内容、计量单位及工程量计算规则，应按表A.2的规定执行。

表A.2 锻压设备安装（编码：030102）

项目编码	项目名称	项目特征	计量单位	工程量计算规则	定额编号
030102001	机械压力机	1. 名称 2. 型号 3. 规格 4. 质量 5. 单机试运转	台	按设计图示数量计算	A1-2-1～A1-2-23
030102002	液压机				A1-2-24～A1-2-42
030102003	自动锻压机				A1-2-43～A1-2-56
030102004	锻锤				A1-2-57～A1-2-71

续表

项目编码	项目名称	项目特征	计量单位	工程量计算规则	定额编号
030102005	剪切机	1. 名称 2. 型号 3. 规格 4. 质量 5. 单机试运转	台	按设计图示数量计算	A1-2-72～ A1-2-92
030102006	弯曲校正机				A1-2-72～ A1-2-92
030102007	锻造水压机				A1-2-93～ A1-2-100

A.3 铸造设备安装

铸造设备安装工程量清单项目设置、项目特征描述的内容、计量单位及工程量计算规则，应按表 A.3 的规定执行。

表 A.3 铸造设备安装（编码：030103）

项目编码	项目名称	项目特征	计量单位	工程量计算规则	定额编号
030103001	砂处理设备	1. 名称 2. 型号 3. 规格 4. 质量 5. 灌浆配合比 6. 单机试运转	台（套）	按设计图示数量计算	A1-3-1～ A1-3-8
030103002	造型设备				A1-3-9～ A1-3-17
030103003	制芯设备				A1-3-9～ A1-3-17
030103004	落砂设备				A1-3-18～ A1-3-23
030103005	清理设备				A1-3-18～ A1-3-23
030103006	金属型铸造设备				A1-3-31～ A1-3-44
030103007	材料准备设备				A1-3-45～ A1-3-49
030103008	抛丸清理室		室		A1-3-24～ A1-3-30
030103009	铸铁平台	1. 名称 2. 规格 3. 质量 4. 安装方式 5. 灌浆配合比	t	按设计图示尺寸以质量计算	A1-3-50～ A1-3-54

注：抛丸清理室设备质量应包括抛丸机、回转台、斗式提升机、螺旋输送机、电动小车等设备以及框架、平台、梯子、栏杆、漏斗、漏管等金属结构件的总质量。

A.4 起重设备安装

起重设备安装工程量清单项目设置、项目特征描述的内容、计量单位及工程量计算规则，应按表 A.4 的规定执行。

表 A.4 起重设备安装（编码：030104）

项目编码	项目名称	项目特征	计量单位	工程量计算规则	定额编号
030104001	桥式起重机	1. 名称 2. 型号 3. 质量 4. 跨距 5. 起重质量 6. 配线材质、规格、敷设方式 7. 单机试运转要求	台	按设计图示数量计算	A1-4-1～A1-4-51
030104002	吊钩门式起重机				A1-4-52～A1-4-59
030104003	梁式起重机				A1-4-60～A1-4-69
030104004	电动壁行悬臂挂式起重机				A1-4-70～A1-4-71
030104005	旋臂壁式起重机				A1-4-72～A1-4-75
030104006	悬臂立柱式起重机				A1-4-76～A1-4-79
030104007	电动葫芦				A1-4-80、A1-4-81
030104008	单轨小车				A1-4-82、A1-4-83

A.5 起重机械轨道安装

起重机械轨道安装工程量清单项目设置、项目特征描述的内容、计量单位及工程量计算规则，应按表 A.5 的规定执行。

表 A.5 起重机械轨道安装（编码：030105）

项目编码	项目名称	项目特征	计量单位	工程量计算规则	定额编号
030105001	起重机轨道	1. 安装部位 2. 规定方式 3. 纵横向孔距 4. 型号 5. 规格 6. 车挡材质	m	按设计图示尺寸，以单根轨道长度计算	A1-5-1～A1-5-87

续表

项目编码	项目名称	项目特征	计量单位	工程量计算规则	定额编号
WB030105001	车挡制作与安装	1.名称 2.型号 3.质量 4.跨距 5.起重质量 6.配线材质、规格、敷设方式 7.单机试运转要求	（见分项）组/吨	按设计图示数量计算	A1-5-88～A1-5-93

A.6 输送设备安装

输送设备安装工程量清单项目设置、项目特征描述的内容、计量单位及工程量计算规则，应按表A.6的规定执行。

表A.6 输送设备安装（编码：030106）

项目编码	项目名称	项目特征	计量单位	工程量计算规则	定额编号
030106001	斗式提升机	1.名称 2.型号 3.提升高度、质量 4.单机试运转要求	台	按设计图示数量计算	A1-6-1～A1-6-12
030106002	刮板输送机	1.名称 2.型号 3.输送机槽宽 4.输送机长度 5.驱动装置组数 6.单机试运转要求	组		A1-6-13～A1-6-24
030106003	板（裙）式输送机	1.名称 2.型号 3.链板宽度 4.链轮中心距 5.单机试运转要求	台		A1-6-25～A1-6-33
030106004	悬挂输送机	1.名称 2.型号 3.质量 4.链条类型 5.节距 6.单机试运转要求			A1-6-34～A1-6-47

续表

<table>
<tr><th>项目编码</th><th>项目名称</th><th>项目特征</th><th>计量单位</th><th>工程量计算规则</th><th>定额编号</th></tr>
<tr><td>030106005</td><td>固定式胶带输送机</td><td>1. 名称
2. 型号
3. 输送长度
4. 输送机胶带宽度
5. 单机试运转要求</td><td rowspan="3">台</td><td rowspan="3">按设计图示数量计算</td><td>A1-6-48～A1-6-80</td></tr>
<tr><td>030106006</td><td>螺旋输送机</td><td rowspan="2">1. 名称
2. 型号
3. 规格
4. 单机试运转要求</td><td>A1-6-81～A1-6-88</td></tr>
<tr><td>030106008</td><td>皮带秤</td><td>A1-6-89～A1-6-91</td></tr>
</table>

A.8 风机安装

风机安装工程量清单项目设置、项目特征描述的内容、计量单位及工程量计算规则，应按表 A.8 的规定执行。

表 A.8 风机安装（编码：030108）

<table>
<tr><th>项目编码</th><th>项目名称</th><th>项目特征</th><th>计量单位</th><th>工程量计算规则</th><th>定额编号</th></tr>
<tr><td>030108001</td><td>离心式通风机</td><td rowspan="10">1. 名称
2. 型号
3. 规格
4. 质量
5. 材质
6. 减振底座形式、数量
7. 灌浆配合比
8. 单机试运转要求</td><td rowspan="10">台</td><td rowspan="10">按设计图示数量计算</td><td>A1-7-1～A1-7-13</td></tr>
<tr><td>030108002</td><td>离心式引风机</td><td>A1-7-1～A1-7-13</td></tr>
<tr><td>030108003</td><td>轴流通风机</td><td>A1-7-14～A1-7-28</td></tr>
<tr><td>030108004</td><td>回转式鼓风机</td><td>A1-7-29～A1-7-36</td></tr>
<tr><td>030108005</td><td>离心式鼓风机</td><td>A1-7-37～A1-7-59</td></tr>
<tr><td>WB030108001</td><td>离心式通风机拆装检查</td><td>A1-7-60～A1-7-71</td></tr>
<tr><td>WB030108002</td><td>离心式引风机拆装检查</td><td>A1-7-60～A1-7-71</td></tr>
<tr><td>WB030108003</td><td>轴流通风机拆装检查</td><td>A1-7-72～A1-7-89</td></tr>
<tr><td>WB030108004</td><td>回转式鼓风机拆装检查</td><td>A1-7-90～A1-7-97</td></tr>
<tr><td>WB030108005</td><td>离心式鼓风机拆装检查</td><td>A1-7-98～A1-7-121</td></tr>
</table>

注：1. 直联式风机的质量包括本体及电动机、底座的总质量。

2. 风机支架应按本规范附录 C 静置设备与工艺金属结构制作安装工程相关项目编码列项。

A.9 泵安装

泵安装工程量清单项目设置、项目特征描述的内容、计量单位及工程量计算规则，应按表 A.9 的规定执行。

表 A.9 泵安装（编码：030109）

项目编码	项目名称	项目特征	计量单位	工程量计算规则	定额编号
030109001	离心泵	1. 名称 2. 型号 3. 规格 4. 质量 5. 材质 6. 减振底座形式、数量 7. 灌浆配合比 8. 单机试运转要求	台	按设计图示数量计算	A1-8-1～A1-8-62
030109002	旋涡泵				A1-8-63～A1-8-68
030109003	电动往复泵				A1-8-69～A1-8-74
030109004	柱塞泵				A1-8-75～A1-8-86
030109005	蒸汽往复泵				A1-8-87～A1-8-96
030109006	计量泵				A1-8-97～A1-8-100
030109007	螺杆泵				A1-8-101～A1-8-106
030109008	齿轮油泵				A1-8-107、A1-8-108
030109009	真空泵				A1-8-109～A1-8-115
030109010	屏蔽泵				A1-8-116～A1-8-119
WB030109001	离心泵拆装检查				A1-8-120～A1-8-179
WB030109002	旋涡泵拆装检查				A1-8-180～A1-8-185
WB030109003	电动往复泵拆装检查				A1-8-186～A1-8-191
WB030109004	柱塞泵拆装检查				A1-8-192～A1-8-203

续表

项目编码	项目名称	项目特征	计量单位	工程量计算规则	定额编号
WB030109005	蒸汽往复泵拆装检查	1. 名称 2. 型号 3. 规格 4. 质量 5. 材质 6. 减振底座形式、数量 7. 灌浆配合比 8. 单机试运转要求	台	按设计图示数量计算	A1-8-204～A1-8-214
WB030109006	计量泵拆装检查				A1-8-215～A1-8-218
WB030109007	螺杆泵拆装检查				A1-8-219～A1-8-224
WB030109008	齿轮油泵拆装检查				A1-8-225、A1-8-226
WB030109009	真空泵拆装检查				A1-8-227～A1-8-232
WB030109010	屏蔽泵拆装检查				A1-8-233～A1-8-236
注：直联式泵的质量包括本体、电动机及底座的总质量；非直联式的不包括电动机质量；深井泵的质量包括本体、电动机、底座及设备扬水管的总质量。					

A.10 压缩机安装

压缩机安装工程量清单项目设置、项目特征描述的内容、计量单位及工程量计算规则，应按表 A.10 的规定执行。

表 A.10 压缩机安装（编码：030110）

项目编码	项目名称	项目特征	计量单位	工程量计算规则	定额编号
030110001	活塞式压缩机	1. 名称 2. 型号 3. 质量 4. 结构形式 5. 驱动方式 6. 灌浆配合比 7. 单机试运转要求	台	按设计图示数量计算	A1-9-1～A1-9-66
030110002	回转式螺杆压缩机				A1-9-67～A1-9-73
030110003	离心式压缩机				A1-9-74～A1-9-90
WB030110001	离心式压缩机拆装检查				A1-9-91～A1-9-98
注：1. 设备质量包括同一底座上主机、电动机、仪表盘及附件、底座等的总质量，但立式及 L 型压缩机、螺杆式压缩机、离心式压缩机不包括电动机等动力机械的质量。 2. 活塞式 D、M、H 型对称平衡压缩机的质量包括主机、电动机及随主机到货的附属设备的质量，但其安装不包括附属设备的安装。 3. 随机附属静置设备，应按本规范附录 C 静置设备与工艺金属结构制作安装工程相关项目编码列项。					

A.11　工业炉安装

工业炉安装工程量清单项目设置、项目特征描述的内容、计量单位及工程量计算规则，应按表 A.11 的规定执行。

表 A.11　工业炉安装（编码：030111）

项目编码	项目名称	项目特征	计量单位	工程量计算规则	定额编号
030111001	电弧炼钢炉	1. 名称 2. 型号 3. 质量 4. 设备容量 5. 内衬砌砖要求	台	按设计图示数量计算	A1-10-1～ A1-10-5
030111002	无芯工频感应电炉	1. 名称 2. 型号 3. 质量 4. 内衬砌砖要求			A1-10-6～ A1-10-11
030111003	电阻炉				A1-10-12～ A1-11-18
030111004	真空炉				A1-10-12～ A1-11-18
030111005	高频及中频感应炉				A1-10-12～ A1-11-18
030111006	冲天炉	1. 名称 2. 型号 3. 质量 4. 熔化率 5. 车挡材质 6. 试压标准 7. 内衬砌砖要求			A1-10-19～ A1-10-23
030111007	加热炉	1. 名称 2. 型号 3. 质量 4. 结构形式 5. 内衬砌砖要求			A1-10-24～ A1-10-39
030111008	热处理炉				A1-10-24～ A1-10-39
030111009	解体结构井式热处理炉				A1-10-40～ A1-10-44
注：附属设备钢结构及导轨，应按本规范附录 C 静置设备与工艺金属结构制作安装工程相关项目编码列项。					

A.12 煤气发生设备安装

煤气发生设备安装工程量清单项目设置、项目特征描述的内容、计量单位及工程量计算规则，应按表 A.12 的规定执行。

表 A.12 煤气发生设备安装（编码：030112）

<table>
<tr><th>项目编码</th><th>项目名称</th><th>项目特征</th><th>计量单位</th><th>工程量计算规则</th><th>定额编号</th></tr>
<tr><td>030112001</td><td>煤气发生炉</td><td>1. 名称
2. 型号
3. 质量
4. 规格
5. 构件材质</td><td rowspan="5">台</td><td rowspan="7">按设计图示数量计算</td><td>A1-11-1～
A1-11-6</td></tr>
<tr><td>030112002</td><td>洗涤塔</td><td>1. 名称
2. 型号
3. 质量
4. 规格
5. 灌浆配合比</td><td>A1-11-7～
A1-11-13</td></tr>
<tr><td>030112003</td><td>电气滤清器</td><td>1. 名称
2. 型号
3. 质量
4. 规格</td><td>A1-11-14～
A1-11-18</td></tr>
<tr><td>030112004</td><td>竖管</td><td>1. 类型
2. 高度
3. 规格</td><td>A1-11-19～
A1-11-22</td></tr>
<tr><td>030112005</td><td>附属设备</td><td>1. 名称
2. 型号
3. 质量
4. 规格
5. 灌浆配合比</td><td>A1-11-23～
A1-11-35</td></tr>
<tr><td>WB030112001</td><td>煤气发生设备附属其他容器构件</td><td>1. 名称
2. 型号
3. 质量
4. 熔化率
5. 车挡材质
6. 试压标准
7. 内衬砌砖要求</td><td>t</td><td>A1-11-36、
A1-12-37</td></tr>
<tr><td>WB030112002</td><td>煤气发生设备分节容器外壳组焊</td><td>1. 名称
2. 型号
3. 质量
4. 结构形式
5. 内衬砌砖要求</td><td>台</td><td>A1-11-38～
A1-11-43</td></tr>
<tr><td colspan="6">注：附属设备钢结构及导轨，应按本规范附录 C 静置设备与工艺金属结构制作安装工程相关项目编码列项。</td></tr>
</table>

A.13 其他机械安装

其他机械安装工程量清单项目设置、项目特征描述的内容、计量单位及工程量计算规则，应按表 A.13 的规定执行。

表 A.13 其他机械安装（编码：030113）

项目编码	项目名称	项目特征	计量单位	工程量计算规则	定额编号
030113001	冷水机组	1. 名称 2. 型号 3. 质量 4. 制冷（热）形式 5. 制冷（热）量 6. 灌浆配合比 7. 单机试运转要求	台	按设计图示数量计算	A1-12-1～ A1-12-27， A1-12-36～ A1-12-42
030113002	热力机组				A1-12-28～ A1-12-35
030113003	制冰设备	1. 名称 2. 型号 3. 质量 4. 制冰方式 5. 灌浆配合比 6. 单机试运转要求			A1-12-43～ A1-12-53
030113004	冷风机	1. 名称 2. 型号 3. 质量 4. 灌浆配合比 5. 单机试运转要求			A1-12-54～ A1-12-64
030113005	润滑油处理设备	1. 名称 2. 型号 3. 质量 4. 灌浆配合比 5. 单机试运转要求			A1-13-1～ A1-13-5
030113006	膨胀机				A1-13-6～ A1-13-10
030113007	柴油机				A1-13-11～ A1-13-20
030113008	柴油发电机组				A1-13-21～ A1-13-26
030113009	电动机				A1-13-27～ A1-13-35
030113010	电动发电机组				A1-13-27～ A1-13-35

续表

项目编码	项目名称	项目特征	计量单位	工程量计算规则	定额编号
030113011	冷凝器	1. 名称 2. 型号 3. 质量 4. 规格	台	按设计图示数量计算	A1-12-65～A1-12-102
030113012	蒸发器				A1-12-65～A1-12-102
030113013	贮液器(排液桶)				A1-12-103～A1-12-111
030113014	分离器				A1-12-112～A1-12-125
030113015	过滤器				A1-12-126～A1-12-131
030113016	中间冷却器				A1-12-132～A1-12-137
030113017	冷却塔				A1-12-138～A1-12-146
030113018	集油器	1. 名称 2. 型号 3. 质量			A1-12-147～A1-12-149
030113019	紧急泄氨器				A1-12-152
030113020	油视镜		支		A1-12-150～A1-12-151
030113021	储气罐		台		A1-13-36～A1-13-42
030113022	乙炔发生器				A1-13-43～A1-13-47
030113023	水压机蓄势罐				A1-13-53～A1-13-58
030113024	空气分离塔				A1-13-59～A1-13-61
030113025	小型制氧机械附属设备				A1-13-62～A1-13-66
WB030113001	制冷容器单体试密与排污	1. 名称 2. 型号 3. 容量	次/台		A1-12-153～A1-12-155
WB030113002	乙炔发生器附属设备	1. 名称 2. 型号	台		A1-13-48～A1-13-52
WB030113003	地脚螺栓孔灌浆	1. 名称 2. 型号	m^3		A1-13-67～A1-13-71

续表

项目编码	项目名称	项目特征	计量单位	工程量计算规则	定额编号
WB030113004	设备底座与基础灌浆	1.名称	m^3	按设计图示数量计算	A1-13-72～A1-13-76
WB030113005	设备减震台座	1.名称 2.型号	座		A1-13-77～A1-13-81
WB030113006	座浆垫板	1.名称 2.型号	墩		A1-13-82～A1-13-86
注：附属设备钢结构及导轨，应按本规范附录C静置设备与工艺金属结构制作安装工程相关项目编码列项。					

A.14 相关问题及说明

A.14.1 机械设备安装工程适用于切削设备、锻压设备、铸造设备、起重设备、起重机轨道、输送设备、风机、泵、压缩机、工业炉设备、煤气发生设备、其他机械等的设备安装工程。

A.14.2 钢结构及支架制作、安装，应按本规范附录C静置设备与工艺金属结构制作安装工程相关项目编码列项。

A.14.3 电气系统（起重设备和电梯除外）、仪表系统、通风系统、设备本体第一个法兰以外的管道系统等的安装、调试，应分别按本规范附录D电气设备安装工程、附录F自动化控制仪表安装工程、附录G通风空调工程、附录H工业管道工程相关项目编码列项。

A.14.4 工业炉烘炉、设备负荷试运转、联合试运转、生产准备试运转，应按本规范附录N措施项目相关项目编码列项。

A.14.5 设备的除锈、刷油（补刷漆除外）、保温及保护层安装，应按本规范附录M刷油、防腐蚀、绝热工程相关项目编码列项。

A.14.6 大型设备安装所需的专业机具、专用垫铁、特殊垫铁和地脚螺栓应在清单项目特征中描述，组成完整的工程实体。

附录 B　热力设备安装工程

B.1　中压锅炉本体设备安装

中压锅炉本体设备安装工程量清单项目设置、项目特征描述的内容、计量单位及工程量计算规则，应按表 B.1 的规定执行。

表 B.1　中压锅炉本体设备安装（编码：030201）

项目编码	项目名称	项目特征	计量单位	工程量计算规则	定额编号
030201001	钢炉架	1. 结构形式 2. 蒸汽出力（t/h）	t	按制造厂的设备安装图示质量计算	A2-1-1～A2-1-4
030201002	汽包	1. 结构形式 2. 蒸汽出力（t/h） 3. 质量	套	按设计图示数量计算	A2-1-14～A2-1-17
030201003	水冷系统	1. 结构形式 2. 蒸汽出力（t/h）	t	按制造厂的设备安装图示质量计算	A2-1-18～A2-1-21
030201004	过热系统	1. 结构形式 2. 蒸汽出力（t/h）	t	按制造厂的设备安装图示质量计算	A2-1-22～A2-1-25
030201005	省煤器	1. 结构形式 2. 蒸汽出力（t/h）	t	按制造厂的设备安装图示质量计算	A2-1-26～A2-1-29
030201006	管式空气预热器	结构形式	t	按制造厂的设备安装图示质量计算	A2-1-30～A2-1-32
030201009	本体管路系统	1. 结构形式 2. 蒸汽出力（t/h）	t	按制造厂的设备安装图示质量计算	A2-1-33～A2-1-36
030201010	锅炉本体金属结构	1. 结构形式 2. 蒸汽出力（t/h）	t	按制造厂的设备安装图示质量计算	A2-1-9～A2-1-12
030201011	锅炉本体平台扶梯	1. 结构形式 2. 蒸汽出力（t/h）	t	按制造厂的设备安装图示质量计算	A2-1-5～A2-1-8
030201012	炉排及燃烧装置	1. 结构形式 2. 蒸汽出力（t/h）	套	按设计图示数量计算	A2-1-39～A2-1-46
030201013	除渣装置	1. 结构形式 2. 蒸汽出力（t/h）	t	按制造厂的设备安装图示质量计算	A2-1-47～A2-1-53

续表

项目编码	项目名称	项目特征	计量单位	工程量计算规则	定额编号
WB030201001	锅炉本体不锈钢金属结构	1. 结构形式 2. 蒸汽出力（t/h）	t	按制造厂的设备安装图示质量计算	A2-1-13
WB030201002	吹灰器安装	1. 结构形式 2. 蒸汽出力（t/h）	套	按制造厂的设备安装图示质量计算	A2-1-37～A2-1-38
注：结构形式指链条炉、粉煤炉。					

B.2 中压锅炉分部试验及试运

中压锅炉分部试验及试运工程量清单项目设置、项目特征描述的内容、计量单位及工程量计算规则，应按表 B. 2 的规定执行。

表 B.2 中压锅炉分部试验及试运（编码：030202）

项目编码	项目名称	项目特征	计量单位	工程量计算规则	定额编号
030202001	锅炉清洗及试验	1. 结构形式 2. 蒸汽出力（t/h）	台	按整套锅炉计算	A2-1-54～A2-1-71
注：中压锅炉分部试验及试运包括：锅炉水压试验、风压试验、锅炉的烘炉、碱煮炉、锅炉清洗以及蒸汽严密性试验和安全门调整。					

B.3 中压锅炉风机安装

中压锅炉风机安装工程量清单项目设置、项目特征描述的内容、计量单位及工程量计算规则，应按表 B. 3 的规定执行。

表 B.3 中压锅炉风机安装（编码：030203）

项目编码	项目名称	项目特征	计量单位	工程量计算规则	定额编号
030203001	送、引风机	1. 用途 2. 名称 3. 型号 4. 规格	台	按设计图示数量计算	A2-2-31～A2-2-49

B.4 中压锅炉除尘装置安装

中压锅炉除尘装置安装工程量清单项目设置、项目特征描述的内容、计量单位及工程量计算规则，应按表 B. 4 的规定执行。

表 B.4 中压锅炉除尘装置安装（编码：030204）

项目编码	项目名称	项目特征	计量单位	工程量计算规则	定额编号
030204001	除尘器	1. 名称 2. 型号 3. 结构形式 4. 筒体直径 5. 电感面积（m^2）	台	按设计图示数量计算	A2-2-50～ A2-2-55

B.5 中压锅炉制粉系统安装

中压锅炉制粉系统安装工程量清单项目设置、项目特征描述的内容、计量单位及工程量计算规则，应按表 B.5 的规定执行。

表 B.5 中压锅炉制粉系统安装（编码：030205）

项目编码	项目名称	项目特征	计量单位	工程量计算规则	定额编号
030205001	磨煤机	1. 名称 2. 型号 3. 出力	台	按设计图示数量计算	A2-2-1～ A2-2-6
030205002	给煤机	1. 名称 2. 型号 3. 出力	台	按设计图示数量计算	A2-2-7～ A2-2-14
030205003	叶轮给粉机	1. 名称 2. 型号 3. 出力	台	按设计图示数量计算	A2-2-15～ A2-2-17
030205004	螺旋输粉机	1. 名称 2. 型号 3. 出力	台	按设计图示数量计算	A2-2-18～ A2-2-21

B.6 中压锅炉烟、风、煤管道安装

中压锅炉烟、风、煤管道安装工程量清单项目设置、项目特征描述的内容、计量单位及工程量计算规则，应按表 B.6 的规定执行。

表 B.6 中压锅炉烟、风、煤管道安装（编码：030206）

项目编码	项目名称	项目特征	计量单位	工程量计算规则	定额编号
030206001	烟道	1. 管道形状 2. 管道断面尺寸 3. 管壁厚度	t	按设计图示质量计算	A2-2-79～ A2-2-82

续表

项目编码	项目名称	项目特征	计量单位	工程量计算规则	定额编号
030206005	送粉管道	1. 管道形状 2. 管道断面尺寸 3. 管壁厚度	t	按设计图示质量计算	A2-2-83～ A2-2-84
030206006	原煤管道	1. 管道形状 2. 管道断面尺寸 3. 管壁厚度	t	按设计图示质量计算	A2-2-85

B.7 中压锅炉其他辅助设备安装

中压锅炉其他辅助设备安装工程量清单项目设置、项目特征描述的内容、计量单位及工程量计算规则，应按表 B. 7 的规定执行。

表 B.7 中压锅炉其他辅助设备安装（编码：030207）

项目编码	项目名称	项目特征	计量单位	工程量计算规则	定额编号
030207001	扩容器	1. 名称、型号 2. 出力（规格） 3. 结构形式 4. 质量	台	按设计图示数量计算	A2-2-56～ A2-2-64
030207002	消音器	1. 名称、型号 2. 出力（规格） 3. 结构形式 4. 质量	台	按设计图示数量计算	A2-2-65～ A2-2-70
030207003	暖风器	1. 名称、型号 2. 出力（规格） 3. 结构形式 4. 质量	只	按设计图示数量计算	A2-2-71～ A2-2-73
030207004	测粉装置	1. 名称、型号 2. 标尺比例	套	按设计图示数量计算	A2-2-22～ A2-2-23
030207005	煤粉分离器	1. 结构类型 2. 直径 3. 质量	只	按设计图示数量计算	A2-2-24～ A2-2-30
WB030207001	辅助设备金属结构	1. 名称、型号 2. 结构形式 3. 质量	t	按设计图示质量计算	A2-2-74～ A2-2-78

B.8 中压锅炉炉墙砌筑

中压锅炉炉墙砌筑工程量清单项目设置、项目特征描述的内容、计量单位及工程量计算规则，应按表 B.8 的规定执行。

表 B.8 中压锅炉炉墙砌筑（编码：030208）

项目编码	项目名称	项目特征	计量单位	工程量计算规则	定额编号
030208001	敷管式及膜式水冷壁炉墙和框架式炉墙砌筑	1. 耐火材料名称、规格 2. 砌筑厚度 3. 保温制品名称及保温厚度 4. 填塞材料名称	m^3	按设计图示的设备表面尺寸以体积计算	A2-10-1～A2-10-28
WB030208001	炉墙保温护壳	1. 名称、规格 2. 成型方式	m^3（t）	按设计图示计算	A2-10-29～A2-10-31
WB030208002	炉墙砌筑脚手架及平台搭拆	1. 结构形式 2. 蒸汽出力（t/h）	台	按设计图示数量计算	A2-10-32～A2-10-35
WB030208003	耐磨衬砌	1. 名称、规格 2. 成型方式	m^3（t）	按设计图示体积或质量计算	A2-10-36～A2-10-38

B.9 汽轮发电机本体安装

汽轮发电机本体安装工程量清单项目设置、项目特征描述的内容、计量单位及工程量计算规则，应按表 B.9 的规定执行。

表 B.9 汽轮发电机本体安装（编码：030209）

项目编码	项目名称	项目特征	计量单位	工程量计算规则	定额编号
030209001	汽轮机	1. 结构形式 2. 型号 3. 质量	台	按设计图示数量计算	A2-3-1～A2-3-31
030209002	发电机、励磁机	1. 结构形式 2. 型号 3. 发电机功率（MW） 4. 质量	台	按设计图示数量计算	A2-3-32～A2-3-35
030209003	汽轮发电机组空负荷试运	机组容量	台	按设计系统计算	A2-3-36～A2-3-43

注：汽轮发电机组空负荷试运包括：危急保安器试运、给水泵组试运、润滑油系统、真空系统、汽轮机汽封系统试运、调速系统试运、发电机水冷系统试运、低压缸喷水的试运、其他相关项目试运。

B.10 汽轮发电机辅助设备安装

汽轮发电机辅助设备安装工程量清单项目设置、项目特征描述的内容、计量单位及工程量计算规则，应按表 B.10 的规定执行。

表 B.10 汽轮发电机辅助设备安装（编码：030210）

项目编码	项目名称	项目特征	计量单位	工程量计算规则	定额编号
030210001	凝汽器	1. 结构形式 2. 型号 3. 冷凝面积 4. 质量	台	按设计图示数量计算	A2-4-25～ A2-4-34
030210002	加热器	1. 名称 2. 结构形式 3. 型号 4. 热交换面积 5. 质量	台	按设计图示数量计算	A2-4-40～ A2-4-55
030210003	抽气器	1. 结构形式 2. 型号 3. 规格 4. 质量	台	按设计图示数量计算	A2-4-56～ A2-4-57
030210004	油箱和油系统设备	1. 名称 2. 结构形式 3. 型号 4. 冷却面积 5. 油箱容积	台	按设计图示数量计算	A2-4-58～ A2-4-69
WB030210001	胶球清洗装置	1. 名称 2. 型号	套	按设计图示数量计算	A2-4-70～ A2-4-71
WB030210002	减温减压装置	1. 规格 2. 出力（t/h）	台	按设计图示数量计算	A2-4-72～ A2-4-74
WB030210003	柴油发电机组	1. 结构形式 2. 型号 3. 发电机功率（kW）	台	按设计图示数量计算	A2-4-75～ A2-4-77

B.11 汽轮发电机附属设备安装

汽轮发电机附属设备安装工程量清单项目设置、项目特征描述的内容、计量单位及工程量计算规则，应按表 B.11 的规定执行。

表 B.11　汽轮发电机附属设备安装（编码：030211）

项目编码	项目名称	项目特征	计量单位	工程量计算规则	定额编号
030211001	除氧器及水箱	1. 结构形式 2. 型号 3. 水箱容积	台	按设计图示数量计算	A2-4-35～ A2-4-39
030211002	电动给水泵	1. 型号 2. 功率	台	按设计图示数量计算	A2-4-1～ A2-4-6
030211003	循环水泵	1. 型号 2. 功率	台	按设计图示数量计算	A2-4-11～ A2-4-15
030211004	凝结水泵	1. 型号 2. 功率	台	按设计图示数量计算	A2-4-7～ A2-4-10
030211006	循环水泵房入口设备	1. 名称 2. 型号 3. 功率 4. 尺寸	台	按设计图示数量计算	A2-4-16～ A2-4-24
注：循环水泵房入口设备安装包括：旋转滤网、钢闸门和清污机的安装。					

B.12　卸煤设备安装

卸煤设备安装工程量清单项目设置、项目特征描述的内容、计量单位及工程量计算规则，应按表 B. 12 的规定执行。

表 B.12　卸煤设备安装（编码：030212）

项目编码	项目名称	项目特征	计量单位	工程量计算规则	定额编号
030212001	抓斗	1. 型号 2. 跨度 3. 高度 4. 起重量	台	按设计图示数量计算	A2-5-1～ A2-5-5

B.13　煤场机械设备安装

煤场机械设备安装工程量清单项目设置、项目特征描述的内容、计量单位及工程量计算规则，应按表 B. 13 的规定执行。

表 B.13　煤场机械设备安装（编码：030213）

项目编码	项目名称	项目特征	计量单位	工程量计算规则	定额编号
030213001	斗轮堆取料机	1. 型号 2. 跨度 3. 高度 4. 装载量	台	按设计图示数量计算	A2-5-6、 A2-5-7

B.14 碎煤设备安装

碎煤设备安装工程量清单项目设置、项目特征描述的内容、计量单位及工程量计算规则，应按表 B. 14 的规定执行。

表 B.14 碎煤设备安装（编码：030214）

<table>
<tr><th>项目编码</th><th>项目名称</th><th>项目特征</th><th>计量单位</th><th>工程量计算规则</th><th>定额编号</th></tr>
<tr><td>030214001</td><td>碎煤机</td><td>1. 型号
2. 功率</td><td rowspan="2">台</td><td rowspan="2">按设计图示数量计算</td><td>A2-5-8、
A2-5-9</td></tr>
<tr><td>030214003</td><td>筛分设备</td><td>1. 名称
2. 型号
3. 规格</td><td>A2-5-10、
A2-5-11</td></tr>
</table>

B.15 上煤设备安装

上煤设备安装工程量清单项目设置、项目特征描述的内容、计量单位及工程量计算规则，应按表 B. 15 的规定执行。

表 B.15 上煤设备安装（编码：030215）

<table>
<tr><th>项目编码</th><th>项目名称</th><th>项目特征</th><th>计量单位</th><th>工程量计算规则</th><th>定额编号</th></tr>
<tr><td>030215001</td><td>皮带机</td><td rowspan="2">1. 型号
2. 长度
3. 皮带宽度</td><td rowspan="2">1. 台
2. m</td><td rowspan="2">1. 以台计量，按设计图示数量计算
2. 以米计量，按设计图示长度计算</td><td>A2-5-18、
A2-5-19</td></tr>
<tr><td>030215002</td><td>配仓皮带机</td><td>A2-5-20、
A2-5-21</td></tr>
<tr><td>030215003</td><td>输煤转运站落煤设备</td><td>1. 型号
2. 质量</td><td>t</td><td>按设计图示数量计算</td><td>A2-5-26</td></tr>
<tr><td>030215004</td><td>皮带秤</td><td>1. 名称
2. 型号
3. 规格</td><td>台</td><td>按设计图示数量计算</td><td>A2-5-15～
A2-5-17</td></tr>
<tr><td>030215005</td><td>机械采样装置及除木器</td><td rowspan="2">1. 名称
2. 型号
3. 规格</td><td rowspan="2">台</td><td rowspan="2">按设计图示数量计算</td><td>A2-5-27、
A2-5-29</td></tr>
<tr><td>030215006</td><td>电动犁式卸料机</td><td>A2-5-25</td></tr>
<tr><td>030215007</td><td>电动卸料车</td><td>1. 型号
2. 规格
3. 皮带宽度</td><td>台</td><td>按设计图示数量计算</td><td>A2-5-24</td></tr>
</table>

续表

项目编码	项目名称	项目特征	计量单位	工程量计算规则	定额编号
030215008	电磁分离器	1.型号 2.结构形式 3.规格	台	按设计图示数量计算	A2-5-28
WB030215001	汽车衡	1.型号 2.规格	台	按设计图示数量计算	A2-5-12～A2-5-14
WB030215002	皮带运输机中间构架（节/12m）				A2-5-22
WB030215003	皮带运输机伸缩装置	1.型号 2.规格	台	按设计图示数量计算	A2-5-23
WB030215004	储气罐空气炮	1.型号 2.规格	台	按设计图示数量计算	A2-5-30
WB030215005	鹤式卸油装置	1.型号 2.规格	台	按设计图示数量计算	A2-6-1
WB030215006	油罐				A2-6-2
WB030215007	油过滤器	1.型号 2.规格	台	按设计图示数量计算	A2-6-3、A2-6-4
WB030215007	油水分离装置	1.型号 2.规格	台	按设计图示数量计算	A2-6-5～A2-6-8

B.16 机械除渣、水力冲渣、冲灰设备安装

机械除渣、水力冲渣、冲灰设备安装工程量清单项目设置、项目特征描述的内容、计量单位及工程量计算规则，应按表B.16的规定执行。

表B.16 机械除渣、水力冲渣、冲灰设备安装（编码：030216）

项目编码	项目名称	项目特征	计量单位	工程量计算规则	定额编号
030216001	捞渣机	1.型号 2.出力(t/h)	台	按设计图示数量计算	A2-7-6～A2-7-9
030216002	碎渣机				A2-7-14～A2-7-16
030216003	渣仓	1.容积 2.钢板厚度	t	按设计图示设备质量计算	A2-7-20
030216004	水力喷射器	1.型号 2.出力(t/h)	台	按设计图示数量计算	A2-7-22～A2-7-24
030216005	箱式冲灰器				A2-7-25～A2-7-27

续表

项目编码	项目名称	项目特征	计量单位	工程量计算规则	定额编号
030216006	砾石过滤器	1. 型号 2. 直径	台	按设计图示数量计算	A2-7-28～ A2-7-30
030216007	空气斜槽	1. 型号 2. 长度 3. 宽度	台	按设计图示数量计算	A2-7-68～ A2-7-69
030216008	灰渣沟插板门	1. 型号 2. 门孔尺寸（mm）	套	按设计图示数量计算	A2-7-31～ A2-7-33
030216009	电动灰斗闸板门	1. 型号 2. 门孔尺寸（mm）	套	按设计图示数量计算	A2-7-70～ A2-7-72
030216010	电动三通门	1. 型号 2. 门孔尺寸（mm）	套	按设计图示数量计算	A2-7-73～ A2-7-75
030216011	锁气器	1. 型号 2. 出力(m^3/h)	台	按设计图示数量计算	A2-7-76～ A2-7-79
WB030216001	除渣机	1. 型号 2. 出力(t/h)	台	按设计图示数量计算	A2-7-1～ A2-7-5
WB030216002	带式排渣机	1. 型号 2. 出力(t/h)	台(段/10m)	按设计图示数量计算	A2-7-10～ A2-7-13
WB030216003	斗式提升机	1. 型号 2. 高度	台	按设计图示数量计算	A2-7-17～ A2-7-19
WB030216004	渣井	1. 型号 2. 规格	座	按设计图示数量计算	A2-7-21
WB030216005	浓缩机	1. 型号 2. 浓缩池直径（钢池）	台（t）	按设计图示数量计算	A2-7-34～ A2-7-38
WB030216006	脱水仓	1. 型号 2. 规格	t	按设计图示数量计算	A2-7-39
WB030216007	缓冲罐	1. 型号 2. 容积（m^3）	台	按设计图示数量计算	A2-7-40～ A2-7-42

B.17 气力除灰设备安装

气力除灰设备安装工程量清单项目设置、项目特征描述的内容、计量单位及工程量计算规则，应按表 B.17 的规定执行。

表 B.17　气力除灰设备安装（编码：030217）

项目编码	项目名称	项目特征	计量单位	工程量计算规则	定额编号
030217001	负压风机	1. 型号 2. 功率（kW）	台	按设计图示数量计算	A2-7-43～A2-7-45
030217002	灰斗气化风机（包括气化板）				A2-7-46～A2-7-49
030217003	布袋收尘器	1. 型号 2. 规格（m^2）			A2-7-50～A2-7-52
030217004	袋式排气过滤器				A2-7-53、A2-7-54
030217005	加热器	1. 型号 2. 出力(m^3/min)			A2-7-55～A2-7-57
WB030217001	仓泵（包括灰斗）	1. 型号 2. 出力（m^3/h）	台（个）		A2-7-58～A2-7-61
WB030217002	加湿搅拌器	1. 型号 2. 出力（m^3/h）	台		A2-7-62～A2-7-64
WB030217003	干灰散装机				A2-7-65～A2-7-67

B.18　化学水预处理系统设备安装

化学水预处理系统设备安装工程量清单项目设置、项目特征描述的内容、计量单位及工程量计算规则，应按表 B.18 的规定执行。

表 B.18　化学水预处理系统设备安装（编码：030218）

项目编码	项目名称	项目特征	计量单位	工程量计算规则	定额编号
030218001	反渗透处理系统（电渗析器）	1. 型号 2. 出力(t/h) 3. 附属设备型号、规格	套	按设计图示数量计算	A2-8-26、A2-8-27
WB030218001	澄清器	1. 型号、规格 2. 出力(t/h)	台		A2-8-10、A2-8-11
WB030218002	压力式混合器	1. 型号 2. 规格			A2-8-12～A2-8-15
WB030218003	水箱	1. 型号、规格 2. 容积（m^3）			A2-8-81～A2-8-84
WB030218004	溶液箱、计量箱				A2-8-67～A2-8-69

续表

项目编码	项目名称	项目特征	计量单位	工程量计算规则	定额编号
WB030218005	胶囊计量器	1.型号、规格 2.直径（mm）	台	按设计图示数量计算	A2-8-70、 A2-8-71
WB030218006	搅拌器	1.型号、规格 2.容积（m^3）			A2-8-73、 A2-8-74
WB030218007	反渗透装置	1.型号、规格 2.出力(t/h)			A2-8-56～ A2-8-59
WB030218008	澄清池	1.型号、规格 2.出力(t/h)			A2-8-1～ A2-8-6
WB030218009	虹吸式滤池				A2-8-7、 A2-8-8
WB030218010	重力式无阀滤池				A2-8-9
WB030218011	重力式双阀滤池				A2-8-16
WB030218012	重力式多阀滤池				A2-8-17
WB030218013	精密过滤器	1.型号 2.规格 3.直径（mm）			A2-8-60～ A2-8-62
WB030218014	露天油箱	1.型号、规格 2.容积（m^3）			A2-8-92～ A2-8-94
WB030218015	中间油箱				A2-8-95

B.19　锅炉补给水除盐系统设备安装

锅炉补给水除盐系统设备安装工程量清单项目设置、项目特征描述的内容、计量单位及工程量计算规则，应按表B.19的规定执行。

表B.19　锅炉补给水除盐系统设备安装（编码：030219）

项目编码	项目名称	项目特征	计量单位	工程量计算规则	定额编号
WB030219001	单流式过滤器	1.型号 2.规格 3.直径（mm）	台	按设计图示数量计算	A2-8-18～ A2-8-21
WB030219002	双流式过滤器				A2-8-22～ A2-8-25

续表

项目编码	项目名称	项目特征	计量单位	工程量计算规则	定额编号
WB030219003	阴阳离子交换器	1. 型号、规格 2. 直径（mm） 3. 树脂高度	台	按设计图示数量计算	A2-8-36～A2-8-41
WB030219004	体外再生罐	1. 型号、规格 2. 直径（mm）	台	按设计图示数量计算	A2-8-42～A2-8-45
WB030219005	树脂贮存罐				A2-8-46～A2-8-49
WB030219006	除二氧化碳器				A2-8-50～A2-8-55

B.20 凝结水处理系统设备安装

凝结水处理系统设备安装工程量清单项目设置、项目特征描述的内容、计量单位及工程量计算规则，应按表 B. 20 的规定执行。

表 B.20 凝结水处理系统设备安装（编码：030220）

项目编码	项目名称	项目特征	计量单位	工程量计算规则	定额编号
WB030220001	吸收器	1. 型号、规格 2. 直径（mm）	台	按设计图示数量计算	A2-8-75～A2-8-77
WB030220002	树脂捕捉器				A2-8-78～A2-8-80
WB030220003	酸碱贮存罐	1. 型号、规格 2. 容积（m^3）	套		A2-8-63～A2-8-66
WB030220004	喷射器	1. 名称 2. 型号	台		A2-8-72

B.21 循环水处理系统设备安装

循环水处理系统设备安装工程量清单项目设置、项目特征描述的内容、计量单位及工程量计算规则，应按表 B. 21 的规定执行。

表 B.21 循环水处理系统设备安装（编码：030221）

项目编码	项目名称	项目特征	计量单位	工程量计算规则	定额编号
WB030221001	钠离子软化器	1. 型号 2. 规格 3. 直径（mm）	台	按设计图示数量计算	A2-8-28～A2-8-33
WB030221002	食盐溶解过滤器				A2-8-34～A2-8-35

续表

项目编码	项目名称	项目特征	计量单位	工程量计算规则	定额编号
WB030221003	铜管凝汽器镀膜装置（溶液箱）	1. 型号、规格 2. 容积（m^3）	台	按设计图示数量计算	A2-8-89～A2-8-91

B.22 给水、炉水校正处理系统设备安装

给水、炉水校正处理系统设备安装工程量清单项目设置、项目特征描述的内容、计量单位及工程量计算规则，应按表 B. 22 的规定执行。

表 B.22 给水、炉水校正处理系统设备安装（编码：030222）

项目编码	项目名称	项目特征	计量单位	工程量计算规则	定额编号
WB030222001	汽水取样设备	1. 名称 2. 型号	套	按设计图示数量计算	A2-8-85
WB030222002	炉内水处理装置（溶液箱）	1. 型号、规格 2. 容积（m^3）			A2-8-86～A2-8-88

B.23 脱硫、脱硝设备安装

脱硫、脱硝设备安装工程量清单项目设置、项目特征描述的内容、计量单位及工程量计算规则，应按表 B. 23 的规定执行。

表 B.23 脱硫、脱硝设备安装（编码：030223）

项目编码	项目名称	项目特征	计量单位	工程量计算规则	定额编号
030223001	石粉仓、石膏贮仓	1. 名称 2. 型号	t	按设计图示数量计算	A2-9-2～A2-9-3
030223002	吸收塔				A2-9-1
WB030223001	吸收塔内部装置	1. 型号、规格 2. 锅炉蒸发量（t/h）	套		A2-9-4～A2-9-5
WB030223002	增压风机	1. 名称 2. 型号	台		A2-9-6
WB030223003	烟气换热器（GGH）		套		A2-9-7
WB030223004	浆液循环泵		台		A2-9-8
WB030223005	离心式烟气冷却泵				A2-9-9

续表

项目编码	项目名称	项目特征	计量单位	工程量计算规则	定额编号
WB030223006	外置式除雾器本体制作安装	1. 名称 2. 型号	t	按设计图示数量计算	A2-9-10
WB030223007	外置式除雾器内部部件安装		套		A2-9-11
WB030223008	氧化风机		台		A2-9-12
WB030223009	石灰石湿磨				A2-9-13
WB030223010	石灰石干磨				A2-9-14
WB030223011	真空皮带脱水机				A2-9-15
WB030223012	旋流器				A2-9-16
WB030223013	石灰浆搅拌器				A2-9-17
WB030223014	石膏仓卸料装置				A2-9-18
WB030223015	离心脱水机				A2-9-19
WB030223016	脱硝反应器本体制作安装		t		A2-9-20
WB030223017	催化器模块		m^3		A2-9-21
WB030223018	稀释风机		台		A2-9-22
WB030223019	氨气-热空气混合器				A2-9-23
WB030223020	液氨卸料压缩机组				A2-9-24
WB030223021	液氨储罐				A2-9-25
WB030223022	液氨蒸发器				A2-9-26
WB030223023	氨气缓冲罐				A2-9-27
WB030223024	氨气稀释罐				A2-9-28
WB030223025	氨气存气罐				A2-9-29

B.24 低压锅炉本体设备安装

低压锅炉本体设备安装工程量清单项目设置、项目特征描述的内容、计量单位及工程量计算规则，应按表 B.24 的规定执行。

表 B.24　低压锅炉本体设备安装（编码：030224）

项目编码	项目名称	项目特征	计量单位	工程量计算规则	定额编号
WB030224001	常压、立式锅炉安装	1. 结构形式 2. 蒸发量(t/h) 3. 热功率（MW）	台	按设计图示数量计算	A2-11-1～A2-11-7
WB030224002	快装成套燃煤锅炉				A2-11-8～A2-11-14
WB030224003	组装燃煤锅炉				A2-11-15～A2-11-17
WB030224004	散装燃煤锅炉	1. 结构形式 2. 蒸发量(t/h)	t		A2-11-18～A2-11-21
WB030224005	整装燃油（气）锅炉	1. 结构形式 2. 蒸发量(t/h)	台	按设计图示数量计算	A2-11-22～A2-11-30
WB030224006	散装燃油（气）锅炉	1. 结构形式 2. 蒸发量(t/h)	t		A2-11-31～A2-11-33

注：1. 散装和组装锅炉，不包括设备的包装材料、加固件的质量。
2. 结构形式指成套锅炉（包括立式或快装锅炉）、散装锅炉和组装锅炉。
3. 按供货状态确定计量单位：组装锅炉按“台”，散装锅炉按“t”。

B.25　低压锅炉附属及辅助设备安装

低压锅炉附属及辅助设备安装工程量清单项目设置、项目特征描述的内容、计量单位及工程量计算规则，应按表 B. 25 的规定执行。

表 B.25　低压锅炉附属及辅助设备安装（编码：030225）

项目编码	项目名称	项目特征	计量单位	工程量计算规则	定额编号
030225001	除尘器	1. 名称 2. 型号 3. 规格 4. 质量	台	按设计图示数量计算	A2-11-34～A2-11-42
030225002	锅炉水处理设备	1. 名称 2. 型号 3. 出力（t/h）			A2-11-43～A2-11-50
030225003	换热器	1. 名称 2. 型号 3. 质量			A2-11-51～A2-11-56
030225004	输煤设备（上煤机）	1. 型号 2. 规格 3. 结构形式			A2-11-57～A2-11-60

续表

项目编码	项目名称	项目特征	计量单位	工程量计算规则	定额编号
030225005	除渣机	1. 型号 2. 输送长度 3. 出力(t/h)	台	按设计图示数量计算	A2-11-63～A2-11-71
030225006	双辊齿式碎煤机	1. 型号 2. 辊齿直径			A2-11-61、A2-11-62

B.26 热力设备调试

热力设备调试工程量清单项目设置、项目特征描述的内容、计量单位及工程量计算规则，应按表 B. 26 的规定执行。

表 B.26 热力设备调试（编码：030226）

项目编码	项目名称	项目特征	计量单位	工程量计算规则	定额编号
WB030226001	锅炉分系统-空压机系统调试	1. 名称 2. 容量	台	按设计图示数量计算	A2-12-1～A2-12-4
WB030226002	锅炉分系统-风机系统调试				A2-12-5～A2-12-8
WB030226003	锅炉分系统-锅炉冷态通风试验				A2-12-9～A2-12-12
WB030226004	锅炉分系统-冷炉空气动力场试验				A2-12-13～A2-12-16
WB030226005	锅炉分系统-输煤系统调试				A2-12-17～A2-12-20
WB030226006	锅炉分系统-制粉系统冷态调试				A2-12-21～A2-12-24
WB030226007	锅炉分系统-石灰石粉输送系统调试				A2-12-25～A2-12-28
WB030226008	锅炉分系统-除尘器系统调试				A2-12-29～A2-12-32
WB030226009	锅炉分系统-除灰、除渣系统调试				A2-12-33～A2-12-36
WB030226010	锅炉分系统-吹灰系统调试				A2-12-37～A2-12-40
WB030226011	锅炉分系统-锅炉汽水系统调试				A2-12-41～A2-12-44

续表

项目编码	项目名称	项目特征	计量单位	工程量计算规则	定额编号
WB030226012	锅炉分系统-燃油系统调试	1. 名称 2. 容量	台	按设计图示数量计算	A2-12-45～A2-12-48
WB030226013	锅炉分系统-化学清洗				A2-12-49～A2-12-52
WB030226014	锅炉分系统-锅炉管道吹洗				A2-12-53～A2-12-56
WB030226015	锅炉分系统-安全阀门调整				A2-12-57～A2-12-60
WB030226016	汽机分系统-循环冷却水系统调试				A2-12-61～A2-12-64
WB030226017	汽机分系统-凝结水与补给水系统调试				A2-12-65～A2-12-68
WB030226018	汽机分系统-除氧给水系统调试				A2-12-69～A2-12-72
WB030226019	汽机分系统-机械真空泵系统调试				A2-12-73～A2-12-76
WB030226020	汽机分系统-射水抽水器系统调试				A2-12-77～A2-12-80
WB030226021	汽机分系统-抽汽回热、轴封汽、辅助蒸汽系统调试				A2-12-81～A2-12-84
WB030226022	汽机分系统-发电机空气冷却系统调试				A2-12-85～A2-12-88
WB030226023	汽机分系统-主机调节、保安系统调试				A2-12-89～A2-12-92
WB030226024	汽机分系统-主机润滑油、顶轴油系统调试				A2-12-93～A2-12-96
WB030226025	汽机分系统-旁路系统调试				A2-12-97～A2-12-100
WB030226026	汽机分系统-柴油发电机系统调试				A2-12-101～A2-12-104

续表

项目编码	项目名称	项目特征	计量单位	工程量计算规则	定额编号
WB030226027	化学分系统-预处理系统调试	1. 名称 2. 出力（t/h）	套	按设计图示数量计算	A2-12-105～A2-12-106
WB030226028	化学分系统-补给水系统调试				A2-12-107～A2-12-108
WB030226029	化学分系统-废水处理系统调试	1. 名称 2. 处理能力（t/h）	台		A2-12-109～A2-12-111
WB030226030	化学分系统-冲管阶段化学监督	1. 名称 2. 出力（t/h）			A2-12-112～A2-12-115
WB030226031	化学分系统-加药系统调试				A2-12-116～A2-12-119
WB030226032	化学分系统-凝气器铜管镀膜系统调试	1. 名称 2. 容量			A2-12-120～A2-12-123
WB030226033	化学分系统-取样装置系统调试	1. 名称 2. 出力（t/h）			A2-12-124～A2-12-127
WB030226034	化学分系统-化学水处理试运	1. 名称 2. 型号 3. 出力（t/h）	套		A2-12-128～A2-12-137
WB030226035	厂内热网系统调试	1. 名称 2. 出力（t/h）	台		A2-12-138～A2-12-141
WB030226036	脱硫工艺系统调试		套		A2-12-142～A2-12-143
WB030226037	脱硝工艺系统调试		台		A2-12-144～A2-12-147
WB030226038	锅炉整套启动调试				A2-12-148～A2-12-151
WB030226039	汽机整套启动调试	1. 名称 2. 容量			A2-12-152～A2-12-155
WB030226040	化学整套启动调试	1. 名称 2. 出力（t/h）			A2-12-156～A2-12-159
WB030226041	流化床锅炉燃烧试验				A2-12-160～A2-12-161
WB030226042	流化床锅炉投石灰石试验				A2-12-162～A2-12-163
WB030226043	给水、减温水调节漏流量与特性试验				A2-12-164～A2-12-165
WB030226044	等离子点火装置调整试验				A2-12-166～A2-12-167
WB030226045	微油点火装置调整试验				A2-12-168～A2-12-169
WB030226046	制粉系统出力测试				A2-12-170～A2-12-171

续表

项目编码	项目名称	项目特征	计量单位	工程量计算规则	定额编号
WB030226047	磨煤机单耗测试	1.名称 2.出力（t/h）	台	按设计图示数量计算	A2-12-172～A2-12-173
WB030226048	机组热耗测试				A2-12-174～A2-12-175
WB030226049	机组轴系振动测试				A2-12-176～A2-12-177
WB030226050	机组供电煤耗测试	1.名称 2.容量	套		A2-12-178～A2-12-179
WB030226051	机组 RB 试验				A2-12-180～A2-12-181
WB030226052	污染物排放测试	1.名称 2.出力（t/h）	样次		A2-12-182～A2-12-183
WB030226053	噪声测试				A2-12-184～A2-12-185
WB030226054	散热测试				A2-12-186～A2-12-187
WB030226055	粉尘测试				A2-12-188～A2-12-189
WB030226056	除尘效率测试		套		A2-12-190～A2-12-191
WB030226057	烟气监测系统测试		试件		A2-12-192～A2-12-193
WB030226058	炉热效率测试		台		A2-12-194～A2-12-195

B.27 相关问题及说明

B.27.1 热力设备安装工程适用于130t/h以下的锅炉和2.5万kW（25MW）以下的汽轮发电机组的设备安装工程及其配套的辅机、燃料、除灰和水处理设备安装工程。

B.27.2 中、低压锅炉的划分：蒸发量为35t/h的链条炉、蒸发量为75t/h及130t/h的煤粉炉和循环流化床锅炉为中压锅炉；蒸发量为20t/h及以下的燃煤、燃油（气）锅炉为低压锅炉。

B.27.3 下列通用性机械应按本规范附录A机械设备安装工程相关项目编码列项：

1 锅炉风机安装项目中，除了中压锅炉送、引风机以外的其他风机安装。

2 系统的泵类安装项目中，除了电动给水泵、循环水泵、凝结水泵、机械真空泵以外的其他泵的安装。

3 起重机械设备安装，包括汽机房桥式起重机等。

4 柴油发电机和压缩空气机安装。

B.27.4 各系统的管道安装，除了有设备成套供应的管道和包括在设备安装工作内容中的润滑系统管道以外，应按本规范附录H工业管道工程相关项目编码列项。

B.27.5 热力系统设备的防腐和刷漆，除了已包括在设备安装工作内容中的非保温设备表面底漆修补以外，应按本规范附录M刷油、防腐蚀、绝热工程相关项目编码列项。

B.27.6 热力系统设备和系统管道的保温，除了锅炉炉墙砌筑以外，应按本规范附录M刷油、防腐蚀、绝热工程相关项目编码列项。

B.27.7 烟、风、煤管道制作应按本规范附录C静置设备与工艺金属结构制作安装工程相关项目编码列项。

B.27.8 以下工作内容包括在相应的安装项目中：

1 汽轮机、凝汽器等大型设备的托运、组合平台的搭、拆。

2 除炉墙砌筑脚手架外的施工脚手架和一般安全设施。

3 设备的单体试转和分系统调试试运配合。

4 设备基础二次灌浆的配合。

B.27.9 设备支架和应由设备制造厂配套供货的平台、护梯及围栏的制作不包括在安装项目中。需要加工、配制的，可按业主单位委托施工单位另行处理。

B.27.10 锅炉本体设备组合平台支架的搭拆、炉墙砌筑脚手架搭拆、发电机静子起吊措施应按本规范附录N措施项目相关项目编码列项。

B.27.11 由国家或地方检测部门进行的各类检测应按本规范附录N措施项目相关项目编码列项。

附录C　静置设备与工艺金属结构制作安装工程

C.1　静置设备制作

静置设备制作工程量清单项目设置、项目特征描述的内容、计量单位及工程量计算规则，应按表C.1的规定执行。

表C.1　静置设备制作（编码：030301）

项目编码	项目名称	项目特征	计量单位	工程量计算规则	定额编号
030301001	容器制作	1.名称 2.构造形式 3.材质 4.容积 5.质量 6.规格 7.压力等级	t	按设计图示质量计算	A3-1-1～A3-1-164
030301002	塔器制作	1.名称 2.构造形式 3.材质 4.质量 5.规格 6.压力等级			A3-1-165～A3-1-326
030301003	换热器制作	1.名称 2.构造形式 3.材质 4.质量 5.规格 6.压力等级	t	按设计图示质量计算	A3-1-327～A3-1-465
WB030302001	鞍座、支座制作	1.名称 2.构造形式 3.材质 4.规格 5.压力等级	t	按设计图示以质量计算	A3-1-466～A3-1-474

续表

项目编码	项目名称	项目特征	计量单位	工程量计算规则	定额编号
WB030302002	设备接管、人孔、手孔、法兰、地脚螺栓制作	1. 名称 2. 构造形式 3. 材质 4. 规格 5. 压力等级	个	按设计图示以数量计算	A3-1-475～A3-1-615

注：1. 本节在设置工程量清单项目时，项目名称应用该实体的名称，项目特征应结合拟建工程的实际情况予以描述。
2. 容器的金属质量是指容器本体、容器内部固定件、开孔件、加强板、裙座（支座）的金属质量。其质量按制造图示尺寸计入，不扣除容器空洞面积。外购件和外协件的质量应从制造图的质量内扣除，按成品单价计入容器制作中。
3. 塔器的金属质量是指塔器本体、塔器内部固定件、开孔件、加强板、裙座（支座）的金属质量。其质量按制造图示尺寸计算，不扣除容器孔洞面积。外购件和外协件的质量应从制造图的质量内扣除，按成品单价计入容器制作中。
4. 换热器的金属质量是指换热器本体的金属质量。
5. 附件是指设备的鞍座、支座、设备法兰、地脚螺栓制作等项目，特征描述时，应结合拟建工程实际予以描述。
6. 设备材质采用的复合板如需进行现场复合加工，应在项目特征中予以描述。

C.2 静置设备安装

静置设备安装工程量清单项目设置、项目特征描述的内容、计量单位及工程量计算规则，应按表 C.2 的规定执行。

表 C.2 静置设备安装（编码：030302）

项目编码	项目名称	项目特征	计量单位	工程量计算规则	定额编号
030302001	容器组装	1. 名称 2. 构造形式 3. 到货形态 4. 材质 5. 质量 6. 规格 7. 内部构件名称 8. 焊接方式	t	按设计图示数量计算	A3-2-1～A3-2-53
030302002	整体容器安装	1. 名称 2. 构造形式 3. 到货形态 4. 质量 5. 规格 6. 压力设计要求 7. 安装高度 8. 灌浆配合比	台	按设计图示数量计算	A3-2-54～A3-2-91

续表

项目编码	项目名称	项目特征	计量单位	工程量计算规则	定额编号
030302003	塔器组装	1. 名称 2. 构造形式 3. 到货形态 4. 材质 5. 质量 6. 规格 7. 焊接方式	t	按设计图示数量计算	A3-2-92～ A3-2-139
030302004	整体塔器安装	1. 名称 2. 构造形式 3. 质量 4. 规格 5. 安装高度 6. 压力试验要求 7. 灌浆配合比	台	按设计图示数量计算	A3-2-176～ A3-2-203
030302005	热交换器类设备安装	1. 名称 2. 构造形式 3. 质量 4. 安装高度 5. 抽芯设计要求 6. 灌浆配合比	台	按设计图示数量计算	A3-2-305～ A3-2-339
030302006	空气冷却器安装	1. 名称 2. 管束质量 3. 风机质量 4. 构架质量 5. 灌浆配合比	片	按设计图示数量计算	A3-2-340～ A3-2-348
030302007	反应器安装	1. 名称 2. 内部结构形式 3. 质量 4. 安装高度 5. 灌浆配合比	台	按设计图示数量计算	A3-2-355～ A3-2-375
030302012	电解槽安装 (立式隔膜电解槽)	1. 名称 2. 构造形式 3. 质量 4. 底座材质	台/t	按设计图示数量计算	A3-2-376～ A3-2-385
030302013	电除雾器安装	1. 名称 2. 构造形式 3. 壳体材料	t	按设计图示数量计算	A3-2-388
030302014	电除尘器安装	1. 名称 2. 壳体质量 3. 内部结构 4. 除尘面积	t	按设计图示数量计算	A3-2-389～ A3-2-390
WB030302001	塔类固定件及锚固件安装	1. 名称 2. 焊接形式 3. 设备直径	层	按设计图示数量计算	A3-2-140～ A3-2-171

续表

项目编码	项目名称	项目特征	计量单位	工程量计算规则	定额编号
WB030302002	龟甲网安装	1. 名称 2. 材质	m^2	按设计图示数量计算	A3-2-172～ A3-2-173
WB030302003	塔内衬合金板	1. 名称 2. 位置	t	按设计图示数量计算	A3-2-174～ A3-2-175
WB030302004	塔盘安装	1. 名称 2. 构造形式 3. 质量 4. 规格 5. 安装高度	层	按设计图示数量计算	A3-2-204～ A3-2-288
WB030302005	设备填充	1. 名称 2. 构造形式 3. 质量 4. 规格	t	按设计图示数量计算	A3-2-289～ A3-2-304
WB030302006	空冷器构架安装	1. 名称 2. 构造形式 3. 质量	t	按设计图示数量计算	A3-2-349
WB030302007	风机安装	1. 名称 2. 构造形式 3. 质量 4. 规格	台	按设计图示数量计算	A3-2-350～ A3-2-354
WB030302008	电除雾器安装（箱式玻璃钢电除雾器 ）	1. 名称 2. 构造形式 3. 壳体材料	套	按设计图示数量计算	A3-2-386～ A3-2-387
WB030302009	污水处理设备安装	1. 名称 2. 壳体质量 3. 内部结构 4. 除尘面积	t	按设计图示数量计算	A3-2-391～ A3-2-397
WB030302010	设备容器类水压试验	1. 压力 2. 设备种类 3. 设备容量	台	按设计图示数量计算	A3-2-398～ A3-2-533
WB030302011	设备容器类气密性试验	1. 压力 2. 设备种类 3. 设备容量	台	按设计图示数量计算	A3-2-534～ A3-2-660
WB030302012	设备清洗（水及压缩空气）	1. 形式 2. 设备种类 3. 设备容量	台	按设计图示数量计算	A3-37-661～ A3-37-712
WB030302013	压缩空气吹洗措施用消耗量摊销	1. 名称 2. 设备种类	次	按设计图示数量计算	A3-37-713
WB030302014	设备清洗（蒸汽气吹洗）	1. 形式 2. 设备种类 3. 设备容量	台	按设计图示数量计算	A3-37-714～ A3-37-731
WB030302015	蒸气吹扫系统用消耗量摊销	1. 名称 2. 设备种类	次	按设计图示数量计算	A3-37-732

续表

项目编码	项目名称	项目特征	计量单位	工程量计算规则	定额编号
WB030302016	设备酸洗、钝化	1.形式 2.设备种类 3.设备容量	台	按设计图示数量计算	A3-37-733～A3-37-748
WB030302017	酸洗措施用消耗量摊销	1.名称 2.设备种类	次	按设计图示数量计算	A3-37-749～A3-37-751
WB030302018	设备焊缝酸洗、钝化	1.名称 2.设备材质	m	按设计图示数量计算	A3-37-752～A3-37-753
WB030302019	设备脱脂（容器、塔器及热交换器）	1.设备种类 2.脱脂方式 3.设备容量	m^2	按设计图示数量计算	A3-37-754～A3-37-817
WB030302020	设备脱脂（钢结构）	1.设备种类 2.脱脂方式 3.设备容量	t	按设计图示数量计算	A3-37-818～A3-37-821
WB030302021	设备脱脂措施消耗量摊销	1.设备种类 2.脱脂方式	次	按设计图示数量计算	A3-37-822
WB030302022	吊耳制作安装	1.名称 2.构造形式 3.质量 4.材质	个	按设计图示数量计算	A3-37-823～A3-37-831
WB030302022	设备制作胎具	1.名称 2.构造形式 3.质量 4.材质	个/台/t	按设计图示数量计算	A3-37-832～A3-37-840
WB030302023	设备组装胎具	1.名称 2.构造形式 3.质量 4.材质	台	按设计图示数量计算	A3-37-841～A3-37-853
WB030302024	设备组对及吊装加固	1.名称 2.构造形式 3.质量 4.材质	T	按设计图示数量计算	A3-37-854～A3-37-855
WB030302025	临时支撑架制作、安装、拆除	1.名称 2.构造形式 3.质量 4.材质	t	按设计图示数量计算	A3-37-856～A3-37-857

注：1.本节在设置工程量清单项目时，项目名称应用该实体的名称，项目特征应结合拟建工程的实际情况予以描述。

2.容器组装的金属质量是指容器本体、容器内部固定件、开孔件、加强板、裙座（支座）的金属质量，其质量按设计图示尺寸计算，不扣除容器孔洞面积；容器整体安装质量是指容器本体、配件、内部构件、吊耳、绝缘、内衬以及随容器一次吊装的管线、梯子、平台、栏杆、扶手和吊装加固件的全部质量。

3.塔器组装的金属质量是指设备本体、裙座、内部固定件、开孔件、加强板等的全部质量，但不包括填充和内部可拆件以及外部平台、梯子、栏杆、扶手的质量，其质量按设计图示尺寸计算，不扣除孔洞面积；塔器整体安装质量是指塔器本体、裙座、内部固定件、开孔件、吊耳、绝缘内衬以及随塔器一次吊装就位的附塔管线、平台、梯子、栏杆、扶手和吊装加固件的全部质量。

4.到货状态是指设备以分段或分片的结构状态运到施工现场。容器或塔器组装不包括组装成整体后的就位吊装，该部分的工作内容应另编码列项。

C.4　金属油罐制作安装

金属油罐制作安装工程量清单项目设置、项目特征描述的内容、计量单位及工程量计算规则，应按表C.4的规定执行。

表C.4 金属油罐制作安装（编码：030304）

项目编码	项目名称	项目特征	计量单位	工程量计算规则	定额编号
030304001	拱顶罐制作、安装（搭接式、对接式）	1.名称 2.构造形式 3.材质 4.容积 5.质量 6.规格 7.压力等级	T	按设计图示数量计算	A3-3-1～A3-3-24
030304002	浮顶罐制作、安装（双盘式、单盘式、内浮顶）	1.名称 2.构造形式 3.材质 4.容积 5.质量 6.规格 7.压力等级		按设计图示数量计算	A3-3-25～A3-3-57
WB030304001	不锈钢油罐制作、安装	1.名称 2.构造形式 3.材质 4.容积 5.质量 6.规格 7.压力等级	T	按设计图示数量计算	A3-3-58～A3-3-67
WB030304002	储罐底板板幅调整	1.名称 2.构造形式 3.材质 4.容量 5.质量	t	按设计图示数量计算	A3-3-68～A3-3-77
WB030304003	储罐壁板板幅调整	1.名称 2.构造形式 3.材质 4.容量 5.质量	座	按设计图示数量计算	A3-3-78～A3-3-97
WB030304004	油罐附件（人孔、透光孔、排污孔）	1.名称 2.构造形式 3.材质 4.容量 5.质量	个	按设计图示数量计算	A3-3-98～A3-3-101

续表

项目编码	项目名称	项目特征	计量单位	工程量计算规则	定额编号
WB030304005	油罐附件（接合管）	1. 名称 2. 构造形式 3. 材质 4. 容量 5. 质量	个	按设计图示数量计算	A3-3-102～A3-3-116
WB030304006	油罐附件（进出油管）	1. 名称 2. 构造形式 3. 材质 4. 容量 5. 质量	个	按设计图示数量计算	A3-3-117～A3-3-121
WB030304007	油罐附件（防火器）	1. 名称 2. 构造形式 3. 材质 4. 容量 5. 质量	个	按设计图示数量计算	A3-3-122～A3-3-126
WB030304008	油罐附件（空气泡沫产生器）	1. 名称 2. 构造形式 3. 材质 4. 容量 5. 质量	个	按设计图示数量计算	A3-3-127～A3-3-130
WB030304009	油罐附件（呼吸阀、安全阀、通气阀）	1. 名称 2. 构造形式 3. 材质 4. 容量 5. 质量	个	按设计图示数量计算	A3-3-131～A3-3-135
WB030304010	油罐附件（油量帽）	1. 名称 2. 构造形式 3. 材质 4. 容量 5. 质量	套	按设计图示数量计算	A3-3-136～A3-3-137
WB030304011	油罐附件（蒸汽盘管）	1. 名称 2. 构造形式 3. 材质 4. 容量 5. 质量	m	按设计图示数量计算	A3-3-138
WB030304012	油罐附件（盘管加热器）	1. 名称 2. 构造形式 3. 材质 4. 容量 5. 质量	个	按设计图示数量计算	A3-3-139～A3-3-145
WB030304013	油罐附件（加热器支架）	1. 名称 2. 构造形式 3. 材质 4. 容量 5. 质量	个	按设计图示数量计算	A3-3-146～A3-3-151

续表

项目编码	项目名称	项目特征	计量单位	工程量计算规则	定额编号
WB030304014	油罐附件 （加热器连接管）	1. 名称 2. 构造形式 3. 材质 4. 容量 5. 质量	个	按设计图示数量计算	A3-3-152～ A3-3-155
WB030304015	油罐附件 （人孔）	1. 名称 2. 构造形式 3. 材质 4. 容量 5. 质量	个	按设计图示数量计算	A3-3-156～ A3-3-159
WB030304016	油罐附件 （清扫孔、通气孔）	1. 名称 2. 构造形式 3. 材质 4. 容量 5. 质量	个	按设计图示数量计算	A3-3-160～ A3-3-163
WB030304017	油罐附件 （透气阀）	1. 名称 2. 构造形式 3. 材质 4. 容量 5. 质量	个	按设计图示数量计算	A3-3-164～ A3-3-166
WB030304018	油罐附件 （浮船及单盘支柱、紧急排水口、预留口）	1. 名称 2. 构造形式 3. 材质 4. 容量 5. 质量	个	按设计图示数量计算	A3-3-167～ A3-3-169
WB030304019	油罐附件 （导向管、量油管、量油帽）	1. 名称 2. 构造形式 3. 材质 4. 容量 5. 质量	套	按设计图示数量计算	A3-3-170～ A3-3-172
WB030304020	油罐附件 （搅拌器、搅拌器孔）	1. 名称 2. 构造形式 3. 材质 4. 容量 5. 质量	台	按设计图示数量计算	A3-3-173～ A3-3-174
WB030304021	油罐附件 （中央排水管）	1. 名称 2. 构造形式 3. 材质 4. 容量 5. 质量	T	按设计图示数量计算	A3-3-175
WB030304022	油罐附件 （加强圈、抗风圈）	1. 名称 2. 构造形式 3. 材质 4. 容量 5. 质量	T	按设计图示数量计算	A3-3-176～ A3-3-187

续表

项目编码	项目名称	项目特征	计量单位	工程量计算规则	定额编号
WB030304023	油罐附件（浮梯及轨道、沉降角钢、接地角钢）	1. 名称 2. 构造形式 3. 材质 4. 容量 5. 质量	T	按设计图示数量计算	A3-3-188～A3-3-189
WB030304024	油罐附件（一、二次密封装置）	1. 名称 2. 构造形式 3. 材质 4. 容量 5. 质量	m	按设计图示数量计算	A3-3-190～A3-3-191
WB030304025	油罐附件（旋转喷射器）	1. 名称 2. 构造形式 3. 材质 4. 容量 5. 质量	T	按设计图示数量计算	A3-3-192～A3-3-193
WB030304026	油罐附件（刮腊机构）	1. 名称 2. 构造形式 3. 材质 4. 容量 5. 质量	T	按设计图示数量计算	A3-3-194
WB030304027	油罐附件（消防挡板预制）	1. 名称 2. 构造形式 3. 材质 4. 容量 5. 质量	T	按设计图示数量计算	A3-3-195～A3-3-196
WB030304028	油罐附件（集水坑）	1. 名称 2. 构造形式 3. 材质 4. 容量 5. 质量	T	按设计图示数量计算	A3-3-197～A3-3-200
WB030304029	油罐附件（喷淋冷却）	1. 名称 2. 构造形式 3. 材质 4. 容量 5. 质量	T	按设计图示数量计算	A3-3-201～A3-3-202
WB030304030	油罐附件（泡沫消防管线及反射板）	1. 名称 2. 构造形式 3. 材质 4. 容量 5. 质量	套	按设计图示数量计算	A3-3-203～A3-3-204
WB030304031	油罐附件（填料密封装置）	1. 名称 2. 构造形式 3. 材质 4. 容量 5. 质量	个	按设计图示数量计算	A3-3-205～A3-3-207

续表

项目编码	项目名称	项目特征	计量单位	工程量计算规则	定额编号
WB030304032	金属油罐压力试验（水压试验、气密性试验、试压及吹扫）	1. 名称 2. 构造形式 3. 容量	座	按设计图示数量计算	A3-3-208～A3-3-245
WB030304033	胎（吊）具制作安装、加固件安装拆除				A3-3-246～A3-3-309

注：1. 拱顶罐构造形式值壁板连接搭接式、对接式；本体质量包括罐底板、罐壁板、罐顶板（含中心板）角钢圈、加强圈以及搭接、垫板、加强板的金属质量，不包括配件、附件的质量。罐底板、罐壁板、罐顶板质量按设计图所示尺寸以展开面积计算，不扣除罐体上孔洞所占面积。
2. 浮顶罐构造形式指双盘式、单盘式、内浮顶式；本体金属质量包括罐底板、罐壁板、角钢圈、加强圈以及搭接、垫板、加强板的全部质量，但不包括配件、附件质量。罐底板、罐壁板、罐顶板质量按设计图所示尺寸以展开面积计算，不扣除罐体上孔洞所占面积。
3. 不锈钢油罐本体金属质量包括内外壁罐底板、罐壁板、罐顶板、角钢圈、加强圈以及搭接、垫板、加强板的全部质量，但不包括配件、附件质量。内外罐底板、罐壁板、罐顶板质量按设计图所示尺寸以展开面积计算，不扣除罐体上孔洞所占面积。
4. 金属油罐附件包括积水坑、排水管、接管与配件、加热盘管、浮顶加热器、人孔制作安装等，工程量清单描述时，应结合拟建工程实际予以描述。

C.5 球形罐组对安装

球形罐组对安装工程量清单项目设置、项目特征描述的内容、计量单位及工程量计算规则，应按表 C. 5 的规定执行。

表 C.5 球形罐组对安装（编码：030305）

项目编码	项目名称	项目特征	计量单位	工程量计算规则	定额编号
030305001	球形罐组对安装	1. 名称 2. 构造形式 3. 材质 4. 容积 5. 质量 6. 球板厚度 7. 水压试验 8. 气密性试验	T	按设计图示质量计算	A3-4-1～A3-4-106
WB030305001	胎具制作安装	1. 名称 2. 构造形式 3. 球形罐容积	台	按设计图示数量计算	A3-4-107～A3-4-134
WB030305002	压力试验	1. 名称 2. 设计压力 3. 球形罐容积			A3-4-135～A3-4-190
WB030305003	防护棚制作安装拆除	1. 名称 2. 材质 3. 球形罐容积			A3-4-191～A3-4-218

注：1. 球形罐组装的质量包括球壳体、支柱、拉杆、短管、加强板的全部质量，不扣除人孔、接管孔洞面积所占质量。
2. 如需进行焊接工艺评定，在专业措施项目中列项。
3. 胎具制作、安装与拆除，在专业措施项目中列项。

C.6 气柜制作安装

气柜制作安装工程量清单项目设置、项目特征描述的内容、计量单位及工程量计算规则，应按表 C.6 的规定执行。

表 C.6 气柜制作安装（编码：030306）

项目编码	项目名称	项目特征	计量单位	工程量计算规则	定额编号
030306001	气柜制作安装	1. 名称 2. 构造形式 3. 容量 4. 质量 5. 本体平台、梯子、栏杆类型、质量 6. 灌浆配合比	t	按设计图示数量计算	A3-5-1～A3-5-16
WB030306001	配重块安装（混凝土预制块）	1. 名称 2. 配重块材质、尺寸、质量	m³	按设计图示数量计算	A3-5-17
WB030306002	配重块安装（铸铁块）	1. 名称 2. 配重块材质、尺寸、质量	t	按设计图示数量计算	A3-5-18
WB030306003	密封装置制作、安装	1. 名称 2. 种类 3. 规格 4. 材质	套	按设计图示数量计算	A3-5-19～A3-5-21
WB030306004	胎具制作、安装与拆除	1. 名称 2. 种类 3. 规格 4. 材质	座	按设计图示数量计算	A3-5-22～A3-5-68
WB030306005	充水、气密、快速升降试验	1. 名称 2. 类型 3. 设备容量	座	按设计图示数量计算	A3-5-69～A3-5-80

注：1. 构造形式指：螺旋式、直升式。

2. 气柜金属质量包括气柜本体、附件的全部质量，但不包括梯子、平台、栏杆、配重块的质量。其质量按设计图示尺寸以展开面积计算，不扣除孔洞和切角面积所占质量。

C.7 工艺金属结构制作安装

工艺金属结构制作安装工程量清单项目设置、项目特征描述的内容、计量单位及工程量计算规则，应按表C.7的规定执行。

表C.7 工艺金属结构制作安装（编码：030307）

项目编码	项目名称	项目特征	计量单位	工程量计算规则	定额编号
030307002	平台制作安装	1.名称 2.构造形式 3.每组质量 4.材质	t	按设计图示质量计算	A3-6-31～A3-6-44
030307003	梯子、栏杆扶手制作安装	1.名称 2.构造形式 3.每组质量 4.材质	t	按设计图示质量计算	A3-6-52～A3-6-57
030307004	桁架、管廊、设备框架、单梁结构制作安装	1.名称 2.构造形式 3.每组质量 4.管廊高度 5.设备框架跨度	t	按设计图示质量计算	A3-6-1～A3-6-18
030307005	设备支架制作安装	1.名称 2.构造形式 3.每组质量 4.材质	t	按设计图示质量计算	A3-6-45～A3-6-51
030307006	料仓、漏斗制作安装	1.名称 2.材质 3.漏斗形状 4.每组质量	t	按设计图示质量计算	A3-6-70～A3-6-170
030307007	烟囱、烟道制作安装	1.构造形式 2.烟囱直径	t	按设计图示质量计算	A3-6-62～A3-6-69
030307008	火炬及排气筒制作安装	1.名称 2.构造形式 3.材质 4.质量 5.筒体直径 6.安高度	座	按设计图示数量计算	A3-6-171～A3-6-202
WB030307001	联合平台制作安装	1.名称 2.构造形式 3.每组质量 4.材质	t	按设计图示质量计算	A3-6-19～A3-6-30

续表

项目编码	项目名称	项目特征	计量单位	工程量计算规则	定额编号
WB030307002	零星小型金属结构制作安装	1. 名称 2. 构造形式 3. 每组质量 4. 材质	t	按设计图示质量计算	A3-6-58～A3-6-61
WB030307003	型钢制作	1. 名称 2. 材质 3. 质量	t	按设计图示质量计算	A3-6-203～A3-6-247

注：1. 联合平台是指两台以上设备的平台互相连接组成的，便于检修、操作使用的平台。联合平台质量计算：包括平台上的梯子、栏杆、扶手重量，不扣除孔眼和切角所占质量，多角形连接筋板质量以图示最长边和最宽边尺寸，按矩形面积计算。

2. 平台、桁架、管廊、设备框架、单梁结构质量计算：不扣除孔眼和切角所占质量，多角形连接筋板质量以图示最长边和最宽边尺寸，按矩形面积计算。

3. 漏斗、料仓质量计算;不扣除孔洞和切角所占质量。

4. 烟囱、烟道质量计算：不扣除孔洞和切角所占质量，烟囱、烟道的金属质量包括筒体、弯头、异径过渡段、加强圈、人孔、清扫孔、检查孔等全部质量。

5. 火炬、排气筒筒体质量计算：按设计图示尺寸计算，不扣除孔洞所占面积及配件的质量。

C.9 撬块安装

撬块安装工程量清单项目设置、项目特征描述的内容、计量单位及工程量计算规则，应按表 C.9 的规定执行。

表 C.9 撬块安装（编码：030309）

项目编码	项目名称	项目特征	计量单位	工程量计算规则		定额编号
030309001	撬块安装	1. 名称 2. 功能 3. 质量 4. 面积	套	按设计图示数量计算	1. 撬块整体安装 2. 撬上部件与撬外部件的连接 3. 二次灌浆	A3-7-1～A3-7-29

注：撬块质量包括撬块本体钢结构及其连接器的质量，以及撬块上已安装的设备、工艺管道、阀门、管件、螺栓、垫片、电气、仪表部件和梯子、平台等金属结构的全部质量。

C.10 综合辅助项目

综合辅助项目工程量清单项目设置、项目特征描述的内容、计量单位及工程量计算规则，应按表 C.10 的规定执行。

表 C.10　综合辅助项目（编码：030310）

项目编码	项目名称	项目特征	计量单位	工程量计算规则	定额编号
030310001	X射线无损探伤	1.名称 2.板厚 3.底片规格	张	按规范或设计要求计算	A3-8-1～A3-8-4
030310002	γ射线无损探伤（内透法）				A3-8-5～A3-8-8
030310003	超声波探伤（金属板材对接焊缝探伤）	1.名称 2.部位 3.板厚	m	按长度计算	A3-8-9～A3-8-14
030310004	磁粉探伤（板材磁粉探伤）	1.名称 2.部位	m^2	板面磁粉探伤按面积计算	A3-8-15～A3-8-18
030310005	渗透探伤	1.名称 2.方式	m	按设计图示数量以长度计算	A3-8-19～A3-8-20
030310006	整体热处理	1.设备名称 2.设备质量 3.容积 4.加热方式	台	按设计图示数量计算	A3-8-24～A3-8-104
WB030310001	光谱分析	1.名称 2.方式	点	按设计图示数量以长度计算	A3-8-21～A3-8-23
WB030310002	钢板开卷与平直	1.名称 2.钢板厚度	t	按设计图示数量以长度计算	A3-8-105～A3-8-106
WB030310003	现场组装平台铺设与拆除	1.名称 2.规格	座	按设计图示数量以长度计算	A3-8-107～A3-8-111
WB030310004	格架式抱杆安装与拆除	1.名称 2.规格	座	按设计图示数量以长度计算	A3-8-115～A3-8-144
WB030310005	钢材半成品运输	1.名称 2.运距	t	按设计图示数量以长度计算	A3-8-145～A3-8-150
注：拍片张数按设计规定计算的探伤焊缝总长度除以胶片的有效长度。设计无规定的，胶片的有效长度按250mm计算。					

C.11　相关问题及说明

C.11.1　设备本体第一片法兰外的管线安装，应按本规范附录H工业管道工程相关项目编码列项。

C.11.2　电气系统，应按本规范附录D电气设备安装工程相关项目编码列项。

C.11.3　仪表系统，应按本规范附录F自动化控制仪表安装工程相关项目编码列项。

C.11.4　胎具制作、安装与拆除，应按本规范附录N措施项目相关项目编码列项。

C.11.5　静止设备的定义：

1.静止设备是指不需要动力带动，安装后处于静止状态的设备。

2.设备类型是指设备构造形式及其用途的划分。

3.设备容积是指按设计图图示尺寸计量，不扣除内部构件所占体积。

4.设备压力是指设计压力，以“MPa”表示。

5.设备质量是指不同类型设备的金属质量。

6.设备直径是指设计图标注的内径尺寸。

7.设备高度是指设计正负零为基准至设备底座安装标高的高度。

8.设备到货状态是指设备运到施工现场的结构状态，分为整体、分段设备和分片设备。

9.设备构造形式是指卧式设备安装和立式设备安装。

附录D　电气设备安装工程

D.1　变压器安装

变压器安装工程量清单项目设置、项目特征描述的内容、计量单位及工程量计算规则，应按表 D.1 的规定执行。

表 D.1　变压器安装（编码：030401）

项目编码	项目名称	项目特征	计量单位	工程量计算规则	定额编号
030401001	油浸电力变压器	1. 名称 2. 型号 3. 容量（kV•A） 4. 电压（kV）	台	按设计图示数量计算	A4-1-1～A4-1-7
030401002	干式变压器	1. 名称 2. 型号 3. 容量（kV•A） 4. 电压（kV）			A4-1-8～A4-1-15
030401003	消弧线圈	1. 名称 2. 型号 3. 容量（kV•A）			A4-1-16～A4-1-31
WB030401001	绝缘油过滤	1. 名称 2. 型号 3. 容量（kV•A） 4. 电压（kV） 5. 油过滤要求			A4-1-32
WB030401002	电力变压器干燥	1. 名称 2. 型号 3. 容量（kV•A） 4. 电压（kV） 5. 干燥要求			A4-1-33～A4-1-39

注：1. 设备安装定额包括放注油、油过滤所需的临时油罐等设施摊销费。

2. 油浸式变压器安装定额适用于自耦式变压器、带负荷调压变压器的安装；电路变压器安装执行同容量变压器定额乘以系数 1.6；整流变压器安装执行同容量变压器定额乘以系数 1.2。

3. 变压器的器身检查：容量小于或等于 4000kV.A 容量变压器是按照吊芯检查考虑，容量大于 4000KV.A 容量变压器是按照吊钟罩考虑，如容量大于 4000kV.A 容量变压器需吊芯检查时，定额中机械乘以系数 2.0。

4. 安装带有保护外罩的干式变压器时，执行相关定额人工、机械乘以系数 1.1。

5. 整流变压器、并联电抗器的干燥，执行同容量变压器干燥定额；电炉变压器干燥按同容量变压器干燥定额乘以系数 1.5。

6. 绝缘油是按照设备供货考虑的。

7. 非晶合金变压器安装根据容量执行相应的油浸变压器安装定额。

8. 本章节不包括以下工作内容：

（1）变压器干燥棚的搭拆工作，若发生实按时计算。

（2）变压器的铁梯及母线铁构件的制作、安装，另执行本册铁构件制作、安装定额。

（3）瓦斯继电器的检查和试验已包含在变压器系统调整试验定额中。

（4）端子箱、控制箱的制作、安装，另执行本册相应定额。

（5）二次喷漆发生时按实计算。

（6）基础槽钢的制作安装，另执行本册相应定额。

D.2 配电装置安装

配电装置安装工程量清单项目设置、项目特征描述的内容、计量单位及工程量计算规则，应按表 D.2 的规定执行。

表 D.2 配电装置安装（编码：030402）

项目编码	项目名称	项目特征	计量单位	工程量计算规则	定额编号
030402001	油断路器	1. 名称 2. 型号 3. 容量（A） 4. 电压等级（kV） 5. 安装条件 6. 操作机构名称及型号 7. 安装部位	台	按设计图示数量计算	A4-2-1～A4-2-4
030402002	真空断路器				A4-2-5～A4-2-6
030402003	SF6 断路器				A4-2-7～A4-2-8
030402004	空气断路器				A4-2-9～A4-2-12
030402005	真空接触器				A4-2-13～A4-2-14
030402006	隔离开关	1. 名称 2. 型号 3. 容量（A） 4. 电压等级（kV） 5. 操作机构名称及型号 6. 安装部位	组		A4-2-15～A4-2-19；A4-2-22
030402007	负荷开关	1. 名称 2. 型号 3. 容量（A） 4. 电压等级（kV） 5. 安装部位	组	按设计图示数量计算	A4-2-15～A4-2-19
030402008	互感器	1. 名称 2. 型号 3. 规格 4. 类型	台		A4-2-23～A4-2-27
030402009	高压熔断器	1. 名称 2. 型号 3. 规格 4. 安装部位	组		A4-2-28

续表

项目编码	项目名称	项目特征	计量单位	工程量计算规则	定额编号
030402010	避雷器	1. 名称 2. 型号 3. 规格 4. 电压等级 5. 安装部位	组	按设计图示数量计算	A4-2-29～ A4-2-30
030402011	干式电抗器	1. 名称 2. 型号 3. 规格 4. 质量 5. 安装部位	台		A4-2-31～ A4-2-34
030402012	油浸电抗器	1. 名称 2. 型号 3. 规格 4. 容量（kV•A）			A4-2-35～ A4-2-38
030402013	移相及串联电容器	1. 名称 2. 型号 3. 规格 4. 质量 5. 安装部位	个		A4-2-39～ A4-2-42
030402014	集合式并联电容器	1. 名称 2. 型号 3. 规格 4. 质量 5. 安装部位	个（组）	按设计图示数量计算	A4-2-43～ A4-2-45
030402015	并联补偿电容器组架	1. 名称 2. 型号 3. 规格 4. 结构形式	台		A4-2-47～ A4-2-51
030402016	交流滤波装置安装	1. 名称 2. 型号 3. 规格	台		A4-2-52～ A4-2-54
030402017	高压成套配电柜	1. 名称 2. 型号 3. 规格 4. 母线配置方式 5. 种类	台		A4-2-59～ A4-2-70
030402018	组合式成套箱式变电站	1. 名称 2. 型号 3. 容量（kV•A） 4. 电压（kV） 5. 组合形式			A4-2-79～ A4-2-91
WB030402001	操作机构	1. 名称 2. 机构形式 3. 安装部位	组（段）		A4-2-20～ A4-2-21

续表

项目编码	项目名称	项目特征	计量单位	工程量计算规则	定额编号
WB030402002	成套低压无功自动补偿装置	1.名称 2.型号 3.规格	台	按设计图示数量计算	A4-2-46
WB030402003	开闭所成套配电装置	1.名称 2.型号 3.规格	台		A4-2-55～A4-2-58
WB030402004	低压成套配电柜	1.名称 2.型号 3.规格	台		A4-2-71

注：1.设备所需的绝缘油、六氟化硫气体、液压油等均按照设备供货编制。设备本体以外的加压设备和附属管道的安装，应执行相应定额另行计算。

2.设备安装定额不包括端子箱安装、控制箱安装、设备支架制作及安装、绝缘油过滤、电抗器干燥、基础槽(角)钢安装、配电设备的端子板外部接线、 预埋地脚螺栓、二次灌浆。

3.干式电抗器安装定额适用于混凝土电抗器、铁芯干式电抗器和空心电抗器等干式电抗器安装。定额是按照三相叠放、三相平放和二叠一平放的安装方式综合考虑的，工程实际与其不同时，执行定额不做调整。励磁变压器安装根据容量及冷却方式执行相应的变压器安装定额。

4.交流滤波装置安装定额不包括铜母线安装。

5.开闭所（开关站）成套配电装置安装定额综合考虑了开关的不同容量与形式，执行定额时不做调整。

6.高压成套配电柜安装定额综合考虑了不同容量，执行定额时不做调整。定额中不包括母线配置及设备干燥。

7.低压成套配电柜安装定额综合考虑了不同容量、不同回路，执行定额时不做调整。

8.组合式成套箱式变电站主要是指电压等级小于或等于 10kV 的箱式变电站。定额是按照通用布置方式编制的，即：变压器布置在箱中间，箱一端布置高压开关，一端布置低压开关，内装 6～24 台低压配电箱（屏）。执行定额时，不因布置形式而调整。在结构上采用高压开关柜、低压开关柜、变压器组成方式的箱式变压器称为欧式变压器；在结构上将负荷开关、环网开关、熔断器等结构简化放入变压器油箱中且变压器取消油枕方式的箱式变压器称为美式变压器。

9.成套配电柜和箱式变电站安装不包括基础槽（角）钢安装；成套配电柜安装不包括母线及引下线的配置与安装，施工中实际发生时按相关定额套用。

10.配电设备基础槽（角）钢、支架、抱箍、延长环、套管、间隔板等安装，执行本册定额第七章“金属构件、穿墙套板安装工程”相关定额。

11.成品配套空箱体安装执行相应的“成套配电箱”安装定额乘以系数 0.5。

12.环网柜安装根据进出线回路数量执行“开闭所成套配电装置安装”相关定额。环网柜进出线回路数量与开闭所成套配电装置间隔数量对应。

13.变频柜安装执行“可控硅柜安装”相关定额；软启动柜安装执行“保护屏安装”相关定额。

D.3 母线安装

母线安装工程量清单项目设置、项目特征描述的内容、计量单位及工程量计算规则，应按表 D.3 的规定执行。

表 D.3　母线安装（编码：030403）

项目编码	项目名称	项目特征	计量单位	工程量计算规则	定额编号
030403001	软母线	1. 名称 2. 材质 3. 型号 4. 规格	m	按设计图示尺寸以单相长度计算（含预留长度）	A4-3-9～ A4-3-11
030403002	组合软母线	1. 名称 2. 材质 3. 型号 4. 规格 5. 安装形式	m		A4-3-12～ A4-3-17;
030403003	带形母线	1. 名称 2. 规格 3. 材质 4. 安装形式 5. 分相漆品种	m		A4-3-21～ A4-3-40;
030403004	槽形母线				A4-3-72～ A4-3-75
030403005	共箱母线	1. 名称 2. 型号 3. 规格 4. 材质	m		A4-3-100～ A4-3-107
030403006	低压封闭式插接母线槽	1. 名称 2. 型号 3. 规格 4. 容量（A） 5. 线制 6. 安装部位	m		A4-3-108～ A4-3-113
030403007	始端箱、分线箱	1. 名称 2. 型号 3. 规格 4. 容量（A）	台	按设计图示数量计算	A4-3-114～ A4-3-123
030403008	重型母线	1. 名称 2. 型号 3. 规格 4. 材质 5. 安装部位	t	按设计图示尺寸以质量计算	A4-3-124～ A4-3-130
WB030403001	绝缘子	1. 名称 2. 型号 3. 规格 4. 材质 5. 安装部位	串（个）	按设计图示数量计算	A4-3-1～ A4-3-7
WB030403002	穿墙套管	1. 名称 2. 型号 3. 规格 4. 电压等级（kV）	个		A4-3-8

续表

项目编码	项目名称	项目特征	计量单位	工程量计算规则	定额编号
WB030403003	软母线引下线、跳线、设备连接线	1. 名称 2. 型号 3. 规格 4. 材质 5. 安装部位	组/三相	按设计图示数量计算	A4-3-18～A4-3-20
WB030403004	带形母线引下线	1. 名称 2. 材质 3. 型号 4. 规格 5. 分相漆品种	m/单相		A4-3-41～A4-3-60
WB030403005	带形母线伸缩接头	1. 名称 2. 规格 3. 材质 4. 安装形式 5. 分相漆品种	个		A4-3-61～A4-3-70
WB030403006	铜过渡板	1. 名称 2. 规格	块		A4-3-71
WB030403007	槽形母线与设备连接	1. 名称 2. 规格 3. 连接设备名称、规格 4. 分相漆品种	台（组）		A4-3-76～A4-3-87
WB030403008	管形母线	1. 名称 2. 型号 3. 规格 4. 材质 5. 分相漆品种	m/单相		A4-3-88～A4-3-91
WB030403009	管形母线引下线	1. 名称 2. 材质 3. 型号 4. 规格 5. 分相漆品种	m/单相		A4-3-92～A4-3-95
WB030403010	分相封闭母线	1. 名称 2. 型号 3. 规格 4. 容量（A） 5. 安装部位	m		A4-3-96～A4-3-99
WB030403011	重型母线伸缩器制作、安装	1. 名称 2. 规格 3. 材质	个		A4-3-131～A4-3-134
WB030403012	重型母线导板制作、安装	1. 名称 2. 材质 3. 安装部位	束		A4-3-135～A4-3-138

续表

项目编码	项目名称	项目特征	计量单位	工程量计算规则	定额编号
WB030403013	重型铝母线接触面加工	1. 名称 2. 规格	片/单相	按设计图示数量计算	A4-3-139～A4-3-144
WB030403014	母线绝缘热缩管	1. 名称 2. 规格	m	按设计图示数量计算	A4-3-145～A4-3-146

注：1. 定额不包括支架、铁构件的制作与安装，工程实际发生时，执行本册定额第七章“金属构件、穿墙套板安装工程”相关定额。

2. 组合软母线安装定额不包括两端铁构件制作与安装及支持瓷瓶、矩形母线的安装，工程实际发生时，应执行相关定额。安装的跨距是按照标准跨距综合编制的，如实际安装跨距与定额不符时，执行定额不做调整。

3. 软母线安装定额是按照单串绝缘子编制的，如设计为双串绝缘子，其定额人工乘以系数 1.14。耐张绝缘子串的安装与调整已包含在软母线安装定额内。

4. 软母线引下线、跳线、经终端耐张线夹引下（不经过 T 型线夹或并沟线夹引下）与设备连接的部分应按照导线截面分别执行定额。软母线跳线安装定额综合考虑了耐张线夹的连接方式。执行定额时不做调整。

5. 矩形钢母线安装执行铜母线安装定额。

6. 矩形母线伸缩节头和铜过渡板安装定额是按照成品安装编制，定额不包括加工配制及主材费。

7. 矩形母线、槽形母线安装定额不包括支持瓷瓶安装和钢构件配置安装，工程实际发生时，执行相关定额。

8. 高压共箱母线和低压封闭式插接母线槽安装定额是按照成品安装编制，定额不包括加工配制及主材费，包括接地安装及材料费。

9. 低压封闭式插接母线槽在竖井内安装时，人工和机械乘以系数 2.0。

D.4 控制设备及低压电器安装

控制设备及低压电器安装工程量清单项目设置、项目特征描述的内容、计量单位及工程量计算规则，应按表 D.4 的规定执行。

表 D.4 控制设备及低压电器安装（编码：030404）

项目编码	项目名称	项目特征	计量单位	工程量计算规则	定额编号
030404001	控制屏	1. 名称 2. 型号 3. 规格 4. 种类	台	按设计图示数量计算	A4-4-1;A4-14-413～A4-14-414
030404002	继电、信号屏				A4-4-2
030404003	模拟屏				A4-4-3～A4-4-4
030404004	低压开关柜（屏）				A4-4-5
030404005	弱电控制返回屏				A4-4-6
030404006	厢式配电室	1. 名称 2. 型号 3. 规格 4. 质量	套		A4-2-72
030404007	硅整流柜	1. 名称 2. 型号 3. 规格 4. 容量（A）	台		A4-4-45～A4-4-49

续表

项目编码	项目名称	项目特征	计量单位	工程量计算规则	定额编号
030404008	可控硅柜	1. 名称 2. 型号 3. 规格 4. 容量（kW）	台	按设计图示数量计算	A4-4-50～A4-4-52
030404009	低压电容器柜	1. 名称 2. 型号 3. 规格	台		A4-4-53
030404010	自动调节励磁屏	1. 名称 2. 型号 3. 规格	台	按设计图示数量计算	A4-4-54
030404011	励磁灭磁屏				A4-4-55
030404012	蓄电池屏				A4-4-56
030404013	直流馈电屏				A4-4-57
030404014	事故照明切换屏				A4-4-58
030404015	控制台				A4-4-7～A4-4-9
030404016	控制箱				A4-4-10；A4-14-415～A4-14-417
030404017	配电箱	1. 名称 2. 型号 3. 规格 4. 安装方式		按设计图示数量计算	A4-2-73～A4-2-78；A4-15-1～A4-15-4
030404019	控制开关	1. 名称 2. 型号 3. 规格 4. 额定电流（A）	个		A4-15-5～A4-15-29
030404020	低压熔断器	1. 名称 2. 型号 3. 规格	个		A4-15-30～A4-15-32
030404021	限位开关		个		A4-15-33～A4-15-34
030404022	控制器		台		A4-14-418～A4-14-426；A4-15-35～A4-15-36
030404023	接触器				A4-15-37
030404026	电磁铁（电磁制动器）				A4-15-38～A4-15-39
030404027	快速自动开关	1. 名称 2. 型号 3. 规格 4. 额定电流（A）	台	按设计图示数量计算	A4-15-40～A4-15-42
030404028	电阻器	1. 名称 2. 型号 3. 规格	箱		A4-15-45～A4-15-46
030404029	油浸频敏变阻器		台		A4-15-47
030404030	分流器	1. 名称 2. 型号 3. 规格 4. 容量（A）	个		A4-15-54～A4-15-57

续表

项目编码	项目名称	项目特征	计量单位	工程量计算规则	定额编号
030404031	小电器	1. 名称 2. 型号 3. 规格	个 （套、台）	按设计图示数量计算	A4-14-383；A4-15-43～A4-15-44；A4-15-48～A4-15-53；A4-15-59～A4-15-67；A4-15-72
030404032	端子箱	1. 名称 2. 型号 3. 规格 4. 安装部位	台		A4-4-11～A4-4-12
030404033	风扇	1. 名称 2. 型号 3. 规格 4. 安装方式			A4-15-68～A4-15-71
030404034	照明开关	1. 名称 2. 型号 3. 规格 4. 安装方式	个	按设计图示数量计算	A4-14-377～A4-14-382；A4-14-384～A4-14-389
030404035	插座				A4-14-390～A4-14-411
030404036	其他电器	1. 名称 2. 规格 3. 安装方式	个 （套、台）		A4-14-412；A4-15-58；A4-15-73～A4-15-78
WB030404001	高频开关电源	1. 名称 2. 规格 3. 型号 4. 容量（A）	台		A4-4-42～A4-4-44
WB030404002	屏边	1. 名称 2. 规格	台		A4-4-59
WB030404003	光伏逆变器	1. 名称 2. 规格 3. 型号 4. 容量（kW）	台		A4-5-64～A4-5-68
WB030404004	光伏控制器	1. 名称 2. 规格 3. 型号 4. 电压等级（V）	台		A4-5-69～A4-5-70

注：1. 控制开关包括：自动空气开关、刀型开关、铁壳开关、胶盖刀闸开关、组合控制开关、万能转换开关、风机盘管三速开关、漏电保护开关等。

2. 小电器包括：按钮、电笛、电铃、水位电气信号装置、测量表计、继电器、电磁锁、屏上辅助设备、辅助电压互感器、小型安全变压器等。

3. 其他电器安装指：本节未列的电器项目。

4. 其他电器必须根据电器实际名称确定项目名称，明确描述工作内容、项目特征、计量单位、计算规则。

5. 盘、箱、柜的外部进出电线预留长度见表 D. 15. 7-3。

6. 控制开关安装，限位开关及水位电气信号装置外，其他均未包括支架制作、安装。发生时另执行本章相应定额。

7. 集装箱式低压配电室是指组合型低压配电装置，内装多台低压配电箱（屏），箱的两端开门，中间为通道。

8. 屏上辅助设备安装，包括标签框、光字牌、信号灯、附加电阻、连接片等，但不包括屏上开孔工作。

9. 设备的补充油按设备自带考虑。

10. 控制设备安装未包括的工作内容：(1)、二次喷漆及喷字。(2)、电器及设备干燥。(3)、焊、压接线端子。(4)、端子板外部（二次）接线。

11. 蓄电池屏安装，不包括蓄电池的拆除与安装，随设备已安装固定好的成套产品除外。

12. 刀开关、铁壳开关、漏电开关、熔断器、浪涌保护器、控制器、接触器、启动器、电磁铁、自动快速开关、电阻器、变阻器等定额内均已包括接地端子，不得重复计算。

13. 水位信号装置安装，未包括电气控制设备、继电器安装及至水塔、水箱和蓄水池的管线敷设。

14. 接线端子定额只适用于导线，电力电缆终端头制作安装定额中包括压接线端子，控制电缆终端头制作安装定额中包括终端头制作及接线至端子板，不得重复计算。

15. 直流屏（柜）不单独计算单体调试，其费用综合在系统调试中。

D.5　蓄电池安装

蓄电池安装工程量清单项目设置、项目特征描述的内容、计量单位及工程量计算规则，应按表 D.5 的规定执行。

表 D.5　蓄电池安装（编码：030405）

<table>
<tr><th>项目编码</th><th>项目名称</th><th>项目特征</th><th>计量单位</th><th>工程量计算规则</th><th>定额编号</th></tr>
<tr><td>030405001</td><td>蓄电池</td><td>1. 名称
2. 型号
3. 容量（A·h）</td><td>个（组件）</td><td rowspan="4">按设计图示数量计算</td><td>A4-5-5～A4-5-34</td></tr>
<tr><td>030405002</td><td>太阳能电池</td><td>1. 名称
2. 型号
3. 规格
4. 容量
5. 安装位置</td><td>组</td><td>A4-5-56～A4-5-62</td></tr>
<tr><td>WB030405001</td><td>蓄电池防震支架安装</td><td>1. 名称
2. 防震支架形式
3. 材质</td><td>10m</td><td>A4-5-1～A1-5-4</td></tr>
<tr><td>WB030405002</td><td>蓄电池充放电</td><td>1. 名称
2. 容量（A·h）
3. 充放电要求</td><td>组</td><td>A4-5-35～
A1-5-48</td></tr>
<tr><td>WB030405003</td><td>UPS 安装</td><td>1. 名称
2. 型号
3. 容量（A·h）</td><td>台</td><td rowspan="3">按设计图示数量计算</td><td>A4-5-49～
A1-5-52</td></tr>
<tr><td>WB030405004</td><td>太阳能电池板钢架</td><td>1. 名称
2. 防震支架形式
3. 材质
4. 安装位置</td><td>m^2</td><td>A4-5-53～
A1-5-55</td></tr>
<tr><td>WB030405005</td><td>太阳能电池与控制屏联测</td><td>1. 名称
2. 型号
3. 容量（A·h）</td><td>方阵组</td><td>A4-5-63</td></tr>
</table>

注：1. 定额适用于电压等级小于或等于 220V 各种容量的碱性和酸性固定型蓄电池安装。定额不包括蓄电池抽头连接用电缆及电缆保护管的安装，工程实际发生时，执行相关定额。

2. 蓄电池防振支架安装定额是按照地坪打孔、膨胀螺栓固定编制，工程实际采用其他形式安装时，执行定额不做调整。

3. 蓄电池防震支架、电极连接条、紧固螺栓、绝缘垫按照设备成套供货编制。

4. 碱性蓄电池安装需要补充的电解液，按照厂家设备成套供货编制。

5. 密封式铅酸蓄电池安装定额包括电解液材料消耗，执行时不做调整。

6. 蓄电池充放电定额包括充电消耗的电量，不分酸性、碱性电池均按照其电压和容量执行相关定额。

7. UPS 不间断电源安装定额分单相（单相输入/单相输出）、三相（三相输入/三相输出）三相输入/单相输出设备安装执行三相定额。 EPS 应急电源安装根据容量执行相应的 UPS 安装定额。

8. 太阳能电池安装定额不包括小区路灯柱安装、太阳能电池板钢架混凝土地面与混凝土基础及地基处理、太阳能电池板钢架支柱与支架、防雷接地。

D.6 电机检查接线及调试

电机检查接线及调试工程量清单项目设置、项目特征描述的内容、计量单位及工程量计算规则，应按表 D.6 的规定执行。

表 D.6 电机检查接线及调试（编码：030406）

项目编码	项目名称	项目特征	计量单位	工程量计算规则	定额编号
030406001	发电机	1. 名称 2. 型号 3. 容量（kW）	台	按设计图示数量计算	A4-6-1～ A4-6-11
030406003	普通小型直流电动机				A4-6-12～ A4-6-16
030406005	普通交流同步电动机	1. 名称 2. 型号 3. 容量（kW） 4. 启动方式 5. 电压等级(kV)			A4-6-22～ A4-6-26
030406006	低压交流异步电动机				A4-6-17～ A4-6-21；A4-6-32～ A4-6-35
030406008	交流变频调速电动机	1. 名称 2. 型号 3. 容量（kW） 4. 类别			A4-6-42～ A4-6-45
030406009	微型电机、电加热器	1. 名称 2. 型号 3. 规格	台	按设计图示数量计算	A4-6-41
WB030406001	小型防爆式电动机	1. 名称 2. 型号 3. 容量（kW） 4. 启动方式 5. 电压等级(kV)	台	按设计图示数量计算	A4-6-27～ A4-6-31
WB030406002	中型、大型电动机	1. 名称 2. 型号 3. 容量（kW） 4. 启动方式 5. 电压等级(kV)	台	按设计图示数量计算	A4-6-36～ A4-6-40

续表

项目编码	项目名称	项目特征	计量单位	工程量计算规则	定额编号
WB030406003	电磁调速电动机	1.名称 2.型号 3.容量（kw） 4.类别	台	按设计图示数量计算	A4-6-46～ A4-6-50

注：1.发电机检查接线定额包括发电机干燥。电动机检查接线定额不包括电动机干燥，工程实际发生时，另行计算费用。

2.电机空转电源是按照施工电源编制的，定额中包括空转所消耗的电量及 6000V 电机空转所需的电压转换设施费用。空转时间按照安装规范综合考虑，工程实际施工与定额不同时不做调整。当工程采用永久电源进行空转时，应根据定额中的电量进行费用调整。

3.电动机根据质量分为大型、中型、小型。单台质量在 3t 以下的电动机为小型电动机，单台质量大于 3t 且小于或等于 30t 的电动机为中型电动机，单台质量在 30t 以上的电动机为大型电动机。小型电动机安装按照电动机类别和功率大小执行相应定额；大、中型电动机检查接线不分交、直流电动机，按照电动机质量执行相关定额。

4.微型电机包括驱动微型电机、控制微型电机、电源微型电机三类。驱动微型电机是指微型异步电机、微型同步电机、微型交流换向器电机、微型直流电机等；控制微型电机是指自整角机、旋转变压器、交/直流测速发电机、交/直流伺服电动机、步进电动机、力矩电动机等；电源微型电机是指微型电动发电机组和单枢变流机等。

5.功率小于或等于 0.75kW 电机检查接线均执行微型电机检查接线定额。设备出厂时电动机带出线的，不计算电动机检查接线费用（如排风机、电风扇等）。

6.电机检查接线定额不包括控制装置的安装和接线。

7.定额中电机接地材质是按照镀锌扁钢编制的，如采用铜材接地时，可以调整接地材料费，但安装人工和机械不变。

8.本章定额不包括发电机与电动机的安装；包括电动机空载试运转所消耗的电量，工程实际与定额不同时，不做调整。

9.电动机控制箱安装执行本册定额第二章中“成套配电箱”相关定额。

D.7　滑触线装置安装

滑触线装置安装工程量清单项目设置、项目特征描述的内容、计量单位及工程量计算规则，应按表 D.7 的规定执行。

表 D.7　滑触线装置安装（编码：030407）

项目编码	项目名称	项目特征	计量单位	工程量计算规则	定额编号
030407001	滑触线	1.名称 2.型号 3.规格 4.材质 5.额定电流（A）	m	按设计图示尺寸以单相长度计算（含预留长度）	A4-8-1～ A4-8-09
WB030407001	滑触线拉紧装置及支持器	1.名称 2.型号 3.规格 4.材质 5.额定电流（A）	套	按设计图示数量计算	A4-8-10～ A4-8-13
WB030407002	移动软电缆	1.名称 2.规格 3.安装方式	套（10m）	按设计图示尺寸以长度计算	A4-8-14～ A4-8-20

续表

项目编码	项目名称	项目特征	计量单位	工程量计算规则	定额编号
WB030407003	桥式起重机	1. 名称 2. 型号 3. 规格 4. 额定起吊质量（t）	台	按设计图示数量计算	A4-16-1～A4-16-6
WB030407004	抓斗式起重机				A4-16-7～A4-16-10
WB030407005	单轨式起重机				A4-16-11～A4-16-14
WB030407006	电动葫芦				A4-16-15～A4-16-17
WB030407007	斗轮堆取料机				A4-16-18～A4-16-19
WB030407008	门式滚轮堆取料机				A4-16-20～A4-16-21

注：1. 滑触线安装定额包括下料、除锈、刷防锈漆与防腐漆，伸缩器、坐式电车绝缘子支持器安装。定额不包括预埋铁件与螺栓、辅助母线安装。

2. 滑触线及支架安装定额是按照安装高度小于或等于 10m 编制，若安装高度大于 10m 时，超出部分的安装工程量按照定额人工乘以系数 1.1。

3. 安全节能型滑触线安装不包括滑触线导轨、支架、集电器及其附件等材料，安全节能型滑触线三相组合成一根时，按单相滑触线安装定额乘以系数 2.0。

4. 移动软电缆安装定额不包括轨道安装及滑轮制作。

5. 滑触线支架的制作安装执行本册第七章相关定额。

6、起重设备电气安装定额是按制造厂家试验合格的成套起重机考虑的。非成套供应的或另行设计的起重机的电机和各种开关、控制设备、管线及灯具等应按分部分项工程套用相应定额。

7. 起重设备电气安装定额包括电气设备检查接线、电动机检查接线与安装、小车滑线安装、管线敷设、随设备供应的电缆敷设、校线、接线、设备本体灯具安装、接地、负荷试验、电气调试。不包括起重设备本体安装。

8. 定额不包括电源线路及控制开关的安装、电动发电机组安装、基础型钢和钢支架及轨道的制作与安装、接地极与接地干线敷设。

D.8 电缆安装

电缆安装工程量清单项目设置、项目特征描述的内容、计量单位及工程量计算规则，应按表 D.8 的规定执行。

表 D.8 电缆安装（编码：030408）

项目编码	项目名称	项目特征	计量单位	工程量计算规则	定额编号
030408001	电力电缆	1. 名称 2. 型号 3. 规格 4. 材质 5. 敷设方式、部位 6. 电压等级 7. 地形	m	按设计图示尺寸以单相长度计算（含预留长度及附加长度）	A4-9-103～A4-9-134
030408002	控制电缆				A4-9-231～A4-9-240

续表

项目编码	项目名称	项目特征	计量单位	工程量计算规则	定额编号
030408003	电缆保护管	1. 名称 2. 材质 3. 规格 4. 敷设方式	m(根)		A4-9-24～ A4-9-45
030408004	电缆槽盒	1. 名称 2. 材质 3. 规格 4. 型号	m	按设计图示尺寸以长度计算	A4-9-246～ A4-9-247；A4-9-249
030408005	铺砂、盖保护板（砖）	1. 种类 2. 规格			A4-9-17～ A4-9-20
030408006	电力电缆头	1. 名称 2. 型号 3. 规格 4. 材质、类型 5. 安装部位 6. 电压等级（kV）	个	按设计图示数量计算	A4-9-135～ A4-9-230
030408007	控制电缆头	1. 名称 2. 型号 3. 规格 4. 材质、类型 5. 安装方式	个	按设计图示数量计算	A4-9-241～ A4-9-245
030408008	防火堵洞		处	按设计图示数量计算	A4-9-250～ A4-9-253
030408009	防火隔板	1. 名称 2. 材质 3. 方式 4. 部位	m^2	按设计图示数量以面积计算	A4-9-248
030408010	防火涂料		kg	按设计图示数量以质量计算	A4-9-254
WB030408001	电缆沟揭（盖）盖板	1. 名称 2. 规格	10m	按设计图示长度计算	A4-9-21～ A4-9-23

注：1、电缆穿刺线夹按电缆头编码列项。

2. 揭、盖、移动盖板定额综合考虑了不同的工序，执行定额时不因工序的多少而调整。

3. 电缆保护管铺设定额分为地下铺设、地上铺设两个部分。入室后需要敷设电缆保护管时，执行本册定额第十二章"配管工程"相关定额。

（1）地下铺设不分人工或机械铺设、铺设深度，均执行定额，不做调整。

（2）地上铺设保护管定额不分角度与方向，综合考虑了不同壁厚与长度，执行定额时不做调整。

（3）多孔梅花管安装参照相应的塑料管定额执行。

4、电缆敷设预留长度及附加长度见计算表。

5、本章的电缆敷设定额适用于 10kV 以下的电力电缆和控制电缆敷设。定额是按平原地区和厂内电缆工程的施工条件编制的，未考虑在积水区、水底、井下等特殊条件下的电缆敷设；厂外电缆敷设工程按本册第十章有关定额另计工地运输。电缆敷设综合了裸包电缆、铠装电缆、屏蔽电缆等电缆类型，凡是电压等级小于或等于 10kV 电力电缆和控制电缆敷设不分结构形式和型号，不分敷设方式和部位，一律按照相应的电缆截面和材质执行定额。

6. 竖井通道内敷设电缆定额适用于单段高度大于 3.6m 的竖井。在单段高度小于或等于 3.6m 的竖井内敷设电缆时，应执行“电力电缆敷设”相关定额。

7. 电力电缆敷设定额是按照平原地区施工条件编制的，未考虑在积水区、水底、深井下等特殊条件下的电缆敷设。电缆在一般山地、 丘陵地区敷设时，其定额人工乘以系数 1.30。该地段施工所需的额外材料（如固定桩、夹具等）应根据施工组织设计另行计算。

8. 电力电缆敷设定额是按照三芯（包括三芯连地）编制的，电缆每增加一芯相应定额增加 15%。单芯电力电缆敷设按照同截面电缆敷设定额乘以系数 0.7，两芯电缆按照三芯电缆定额执行。截面 $400mm^2$ 以上至 $800mm^2$ 的单芯电力电缆敷设，按照 $400mm^2$ 电力电缆敷设定额乘以系数 1.35。截面 $800mm^2$ 以上至 $1600mm^2$ 的单芯电力电缆敷设，按照 $400mm^2$ 电力电缆敷设定额乘以系数 1.85。

9. 电缆敷设需要钢索及拉紧装置安装时，应执行本册定额第十三章“配线工程”相关定额。

10. 双屏蔽电缆头制作安装执行相应定额人工乘以系数 1.05。若接线端子为异型端子，需要单独加工时，应另行计算加工费。

11. 电缆防火设施安装不分规格、材质，执行定额时不做调整。

12. 阻燃槽盒安装定额按照单件槽盒 2.05m 长度考虑，定额中包括槽盒、接头部件的安装，包括接头防火处理。执行定额时不得因阻燃槽盒的材质、壁厚、单件长度而调整。

13. 电缆敷设定额中不包括支架的制作与安装，工程应用时，执行本册定额第七章“金属构件、穿墙套板安装工程”相关定额。

14. 铝合金电缆敷设根据规格执行相应的铝芯电缆敷设定额。

15. 电缆沟盖板采用金属盖板时，根据设计图纸分工执行相应的定额。属于电气安装专业设计范围的电缆沟金属盖板制作与安装，执行本册定额第七章“金属构件、穿墙套板安装工程”按相应定额乘以系数 0.6。

16. 预分支电流敷设，按主干线相应规格截面执行本章竖井通道内电缆敷设定额。

17. 矿物绝缘电缆根据规格执行相应电缆敷设定额乘以系数 1.20。

D.9 防雷及接地装置

防雷及接地装置工程量清单项目设置、项目特征描述的内容、计量单位及工程量计算规则，应按表 D.9 的规定执行。

表 D.9 防雷及接地装置（编码：030409）

项目编码	项目名称	项目特征	计量单位	工程量计算规则	定额编号
030409001	接地极	1. 名称 2. 材质 3. 规格 4. 土质 5. 基础接地形式	根（块）	按设计图示数量计算	A4-10-48～ A4-10-55；A4-10-75
030409002	接地母线	1. 名称 2. 材质 3. 规格 4. 安装部位 5. 安装形式	m	按设计图示尺寸以长度计算（含附加长度）	A4-10-56～ A4-10-58
030409003	避雷引下线				A4-10-40～ A4-10-42
030409004	均压环	1. 名称 2. 材质 3. 规格 4. 安装形式			A4-10-46
030409005	避雷网				A4-10-44～ A4-10-45

续表

项目编码	项目名称	项目特征	计量单位	工程量计算规则	定额编号
030409006	避雷针	1. 名称 2. 材质 3. 规格 4. 安装形式、高度	根	按设计图示数量计算	A4-10-1～ A4-10-39
030409008	等电位端子箱、测试板	1. 名称 2. 材质 3. 规格	台（块）	按设计图示数量计算	A4-10-77
030409010	浪涌保护器	1. 名称 2. 规格 3. 安装形式 4. 防雷等级	个	按设计图示数量计算	A4-10-65～ A4-10-68
030409011	降阻剂	1. 名称 2. 类型	kg	按设计图示数量计算	A4-10-74
WB030409001	断接卡子制作、安装	1. 名称 2. 材质 3. 规格	套	按设计图示数量计算	A4-10-43
WB030409002	柱主筋与圈梁钢筋焊接	1. 材质 2. 焊接要求	处	按设计图示数量计算	A4-10-47
WB030409003	接地跨接线	1. 名称 2. 跨接方式	10 处	按设计图示数量计算	A4-10-59～ A4-10-61
WB030409004	桩承台接地	1. 名称 2. 类型 3. 方式	基	按设计图示数量计算	A4-10-62～ A4-10-64
WB030409005	阴极保护接地	1. 名称 2. 类型 3. 方式	套（口/处）	按设计图示数量计算	A4-10-69～ A4-10-72
WB030409006	接地模块	1. 名称 2. 类型 3. 方式	个	按设计图示数量计算	A4-10-73
WB030409007	卫生间等电位连接	1. 名称 2. 材质 3. 规格	处	按设计图示数量计算	A4-10-76

注：1. 接地极安装与接地母线敷设定额不包括采用爆破法施工、接地电阻率高的土质换土、接地电阻测定工作。工程实际发生时，执行相关定额。

2. 避雷针制作、安装定额不包括避雷针底座及埋件的制作与安装。工程实际发生时，应根据设计划分，分别执行相关定额。

3. 避雷针安装定额综合考虑了高空作业因素，执行定额时不做调整。避雷针安装在木杆和水泥杆上时，包括了其避雷引下线安装。

4. 独立避雷针安装包括避雷针塔架、避雷引下线安装，不包括基础浇筑。塔架制作执行本册定额第七章“金属构件、穿墙套板安装工程”制作定额。

5. 利用建筑结构钢筋作为接地引下线安装定额是按照每根柱子内焊接两根主筋编制的，当焊接主筋超过两根时，可按照比例调整定额安装费。防雷均压环是利用建筑物梁内主筋作为防雷接地连接线考虑的，每一梁内按焊接两根主筋编制，当焊接主筋数超过两根时，可按比例调整定额安装费。如果采用单独扁钢或圆钢明敷设作为均压环时，可执行户内接地母线敷设相关定额。

6. 利用铜绞线作为接地引下线时，其配管、穿铜绞线执行同规格相关定额。

7. 高层建筑物屋顶防雷接地装置安装应执行避雷网安装定额。避雷网安装沿折板支架敷设定额包括了支架制作与安装，不得另行计算。电缆支架的接地线安装执行“户内接地母线敷设”定额。

8. 利用基础梁内两根主筋焊接连通作为接地母线时，执行“均压环敷设”定额。

9. 户外接地母线敷设定额是按照室外整平标高和一般土质综合编制的，包括地沟挖填土和夯实，执行定额时不再计算土方工程量。户外接地沟挖深为 0.75m，每米沟长土方量为

0.34m^3。如设计要求埋设深度与定额不同时，应按照实际土方量调整。如遇有石方、矿渣、积水、障碍物等情况时应另行计算。

10. 利用建（构）筑物梁、柱、桩承台等接地时，柱内主筋与梁、柱内主筋与桩承台跨接不另行计算，其工作量已经综合在相应项目中。

11. 阴极保护接地等定额适用于接地电阻率高的土质地区接地施工。包括挖接地井、安装接地电极、安装接地模块、换填降阻剂、安装电解质离子接地极等。

12. 本章定额不包括固定防雷接地设施所用的预制混凝土块制作（或购置混凝土块）与安装费用。工程实际发生时，执行《房屋建筑与装饰工程消耗量定额》相应项目。

D.10 10kV 以下架空配电线路

10kV 以下架空配电线路工程量清单项目设置、项目特征描述的内容、计量单位及工程量计算规则，应按表 D.10 的规定执行。

表 D.10 10kV 以下架空配电线路（编码：030410）

项目编码	项目名称	项目特征	计量单位	工程量计算规则	定额编号
030410001	电杆组立	1. 名称 2. 材质 3. 规格 4. 类型 5. 地形	根（基）	按设计图示数量计算	A4-11-25～ A4-11-50
030410002	横担组装	1. 名称 2. 材质 3. 规格 4. 类型 5. 电压等级（kV） 6. 金具品种规格	组（根）		A4-11-64～ A4-11-82
030410003	导线架设	1. 名称 2. 型号 3. 规格 4. 地形	km/单线	按设计图示尺寸以单线长度计算（含预留长度）	A4-11-90～ A4-11-119

续表

项目编码	项目名称	项目特征	计量单位	工程量计算规则	定额编号
030410004	杆上设备	1. 名称 2. 型号 3. 规格 4. 电压等级（kV） 5. 支撑架种类、规格	台（组）	按设计图示数量计算	A4-11-132～ A4-11-155
WB030410001	工地运输	1. 运输方式 2. 运输距离	10t·km	按实际运输距离计算	A4-11-1～ A4-11-24
WB030410002	钢圈焊接	1. 名称 2. 材质 3. 规格 4. 焊接要求	个		A4-11-51～ A4-11-54
WB030410003	离心混凝土杆封堵	1. 名称 2. 材质 3. 规格	个		A4-11-55～ A4-11-56
WB030410004	拉线制作安装	1. 名称 2. 规格 3. 拉线形式	根		A4-11-57～ A4-11-62
WB030410005	拉线保护管	1. 名称 2. 规格	根	按设计图示数量计算	A4-11-63
WB030410006	绝缘子安装	1. 名称 2. 材质 3. 规格、型号	片（只/组）		A4-11-83～ A4-11-89
WB030410007	导线跨越	1. 类型	处		A4-11-120～ A4-11-128
WB030410008	进户线架设	1. 名称 2. 型号 3. 规格	m		A4-11-129～ A4-11-131
WB030410009	施工定位	1. 名称 2. 型号 3. 规格 4. 类型	基		A4-11-156～ A4-11-160

注：1. 工地运输包括材料自存放仓库或集中堆放点运至沿线各杆或塔位的装卸、运输及空载回程等全部工作。定额包括人力运输、汽车运输。

（1）人力运输运距按照卸料点至各杆塔位的实际距离计算；杆上设备如发生人力运输时，参照相应的线材运输定额执行。计算人力运输运距时，结果保留两位小数。

（2）汽车运输定额综合考虑了车的性能与运载能力、路面级别以及一次装、分次卸等因素，执行定额时不做调整。计算汽车运输距离时，按照千米计算，运输距离小于 1km 时按照 1km 计算。

（3）汽车利用盘山公路行驶进行工地运输时，其运输地形按照一般山地考虑。

2. 塔组立定额包括木杆组立、混凝土杆组立、钢管杆组立、铁塔组立、拉线制作与安装、接地安装等。杆塔组立定额是按照工程施工电杆大于 5 基考虑的，如果工程施工电杆小于或等于 5 基时执行本章定额的人工、机械乘以系数

1.30。

（1）定额中杆长包括埋入基础部分杆长。

（2）离心杆、钢管杆组立定额中，单基质量系指杆身自重加横担与螺栓等全部杆身组合构件的总质量。

（3）钢管杆组立定额是按照螺栓连接编制的，插入式钢管杆执行定额时人工、机械乘以系数 0.9。

（4）铁塔组立定额中，单基质量系指铁塔总质量，包括铁塔本体型钢、连接板、螺栓、脚钉、爬梯、基座等质量。

（5）拉线制作与安装定额综合考虑了不同材质、规格，执行定额时不做调整。定额是按照单根拉线考虑，当工程实际采用 V 形、Y 形或双拼型拉线时，按照两根计算。

（6）接地安装执行本册定额第十章“防雷及接地装置安装工程”相应定额。

3.横担与绝缘子安装定额包括横担安装、绝缘子安装、街码金具安装。

（1）横担安装定额包括本体、支撑、支座安装。定额是按照单杆安装横担编制的，工程实际采用双杆安装横担时，执行相应定额乘以系数 2.0。

（2） 10kV 横担安装定额是按照单回路架线编制的，当工程实际为单杆双回路架线时，垂直排列挂线执行相应定额乘以系数 2.0；水平排列挂线执行相应定额乘以系数 1.6。

（3）街码金具安装定额适用于沿建（构）筑物外墙架设的输电线路工程。

4.架线工程定额包括裸铝绞线架设、钢芯铝绞线架设、绝缘铝绞线架设、绝缘铜绞线、钢绞线架设、集束导线架设、导线跨越、进户线架设。

（1）导线架设定额中导线是按照三相交流单回线路编制的，当工程实际为单杆双回路架线时，垂直排列同时挂线执行相关定额材料乘以系数 2.0、人工与机械（仪器仪表）乘以系数 1.8，垂直排列非同时挂线执行相关定额材料乘以系数 2.0、人工与机械（仪器仪表）乘以系数 1.95，水平排列同时挂线执行相关定额材料乘以系数 2.0、人工与机械（仪器仪表）乘以系数 1.7，水平排列非同时挂线执行相关定额材料乘以系数 2.0、人工与机械（仪器仪表）乘以系数 1.9。

（2）导线架设定额综合考虑了耐张杆塔的数量以及耐张终端头制作和挂线、耐张（转角）杆塔的平衡挂线、跳线及跳线串的安装等工作。工程实际与定额不同时不做调整，金具材料费按设计用量加 0.5%另行计算。

（3）钢绞线架设定额适用于架空电缆承力线架设。

（4）导线跨越定额的计量单位“处”系指在一个档距内，对一种被跨越物所必须搭设的跨越设施而言。如同一档距内跨越多种（或多次）跨越物时，应根据跨越物种类分别执行定额。

（5）导线跨越定额仅考虑因搭拆跨越设施而消耗的人工、材料和机械。在计算架线工程量时，其跨越档的长度不予扣除。

（6）导线跨越定额不包括被跨越物产权部门提出的咨询、监护、路基占用等费用，如工程实际需要时，可按照政府或有关部门的规定另行计算。

（7）跨越电气化铁路时，执行跨越铁路定额乘以系数 1.2。

（8）跨越电力线定额是按照停电跨越编制的。如工程实际需要带电跨越，按照下表规定另行计列带电跨越措施费。如被跨越电力线为双回路、多线（4 线以上）时，措施费乘以系数 1.5。带电跨越措施费以增加人工消耗量为计算基础，参加取费。

带电跨越措施费用表

单位：工日/处

电压等级（kV）	10	6	0.38	0.22
增加工日数量	23	20	7	6

（9）跨越河流定额仅适用于有水的河流、湖泊（水库）的一般跨越。在架线期间，凡属于人能涉水而过的河道，或处于干涸的河流、湖泊（水库）均不计算跨越河流费用。对于通航河道必须采取封航措施，或水流湍急施工难度较大的峡谷，其导线跨越可根据审定的施工组织设计采取的措施，另行计算。

（10）导线跨越定额是按照单回路线路建设编制的，若为同杆塔架设双回路线路时，执行相关定额人工、机械乘以系数 1.5。

（11）进户线是指供电线路从杆线或分线箱接出至用户计量表箱间的线路。

5. 杆上变配电设备安装定额包括变压器安装、配电设备安装、接地环安装、绝缘护罩安装。安装设备所需要的钢支架主材、连引线、线夹、金具等应另行计算。

（1）杆上变压器安装定额不包括变压器抽芯与干燥、检修平台与防护栏杆及设备接地装置安装。

（2）杆上配电箱安装定额不包括焊（压）接线端子、带电搭接头措施费。

（3）杆上设备安装包括设备单体调试、配合电气设备试验。

（4）“防鸟刺”“防鸟占位器”安装执行驱鸟器定额。

D.11 配管、配线

配管、配线工程量清单项目设置、项目特征描述的内容、计量单位及工程量计算规则，应按表 D.11 的规定执行。

表 D.11 配管、配线（编码：030411）

<table>
<tr><th>项目编码</th><th>项目名称</th><th>项目特征</th><th>计量单位</th><th>工程量计算规则</th><th>定额编号</th></tr>
<tr><td>030411001</td><td>配管</td><td>1. 名称
2. 材质
3. 规格
4. 配置要求
5. 接地要求</td><td>m</td><td rowspan="3">按设计图示尺寸以长度计算</td><td>A4-12-1～
A4-12-167</td></tr>
<tr><td>030411002</td><td>线槽</td><td>1. 名称
2. 材质
3. 规格</td><td rowspan="3">m</td><td>A4-12-168～
A4-12-171;
A4-14-427～
A4-14-431</td></tr>
<tr><td>030411003</td><td>桥架</td><td>1. 名称
2. 型号
3. 规格
4. 材质
5. 类型
6. 接地方式</td><td>A4-9-46～
A4-9-102</td></tr>
<tr><td>030411004</td><td>配线</td><td>1. 名称
2. 配线形式
3. 型号
4. 规格
5. 材质
6. 配线部位
7. 配线线制</td><td>按设计图示尺寸以单线长度计算（含预留长度）</td><td>A4-13-1～
A4-13-119;
A4-13-141～
A4-13-149</td></tr>
<tr><td>030411005</td><td>接线箱</td><td rowspan="2">1. 名称
2. 材质
3. 规格
4. 安装形式</td><td rowspan="2">个</td><td rowspan="2">按设计图示数量计算</td><td>A4-13-128～
A4-13-135</td></tr>
<tr><td>030411006</td><td>接线盒</td><td>A4-13-136～
A4-13-140</td></tr>
<tr><td>WB030411001</td><td>钢索架设</td><td>1. 名称
2. 规格
3. 型式</td><td>10m</td><td>按设计图示数量计算</td><td>A4-13-120～
A4-13-123</td></tr>
</table>

续表

项目编码	项目名称	项目特征	计量单位	工程量计算规则	定额编号
WB030411003	钢索拉紧装置	1.名称 2.规格 3.方式	套		A4-13-124～ A4-13-127

注：1.配管定额中钢管材质是按照镀锌钢管考虑的，定额不包括采用焊接钢管刷油漆、刷防火漆或防火涂料、管外壁防腐保护以及接线箱、接线盒、支架的制作与安装。焊接钢管刷油漆、刷防火漆或涂防火涂料、管外壁防腐保护执行第十一册《刷油、防腐蚀、绝热工程》相应项目；接线箱、接线盒安装执行本册定额第十三章“配线工程”相关定额；支架的制作与安装执行本册定额第七章“金属构件、穿墙套板安装工程”相关定额。

2.工程采用镀锌电线管时，执行镀锌钢管定额计算安装费；镀锌电线管主材费按照镀锌钢管用量另行计算。

3.工程采用扣压式薄壁钢导管(KBG)时，执行套接紧定式镀锌钢导管(JDG)定额计算安装费；扣压式薄壁钢导管(KBG)主材费按照镀锌钢管用量另行计算。计算其管主材费时，应包括管件费用。

4.定额中刚性阻燃管为刚性 PVC 难燃线管，管材长度一般为 4m/根，管子连接采用专用接头插入法连接，接口密封；半硬质塑料管为阻燃聚乙烯软管，管子连接采用专用接头抹塑料胶后粘接。工程实际安装与定额不同时，执行定额不做调整。

5.定额中可挠金属套管是指普利卡金属管（PULLKA），主要应用于混凝土内埋管及低压室外电气配线管。可挠金属套管规格见下表。

可挠金属套管规格表

规格	10#	12#	15#	17#	24#	30#	38#	50#	63#	76#	83#	101#
内径(mm)	9.2	11.4	14.1	16.6	23.8	29.3	37.1	49.1	62.6	76.0	81.0	100.2
外径(mm)	13.3	16.1	19.0	21.5	28.8	34.9	42.9	54.9	69.1	82.9	88.1	107.3

6.配管定额是按照各专业间配合施工考虑的，定额中不考虑凿槽、刨沟、凿孔（洞）等费用。

7.室外埋设配线管的土石方施工，执行本册相关定额。室内埋设配线管的土石方不单独计算。

8.吊顶天棚板内敷设电线管根据管材介质执行“砖、混凝土结构明配”相关定额。

9.钢索架设、钢索拉紧装置制作安装执行本册第十三章“配线工程”相关定额。

D.12 照明器具安装

照明器具安装工程量清单项目设置、项目特征描述的内容、计量单位及工程量计算规则，应按表 D.12 的规定执行。

表 D.12 照明器具安装（编码：030412）

项目编码	项目名称	项目特征	计量单位	工程量计算规则	定额编号
030412001	普通灯具	1.名称 2.型号 3.规格 4.类型	套	按设计图示数量计算	A4-14-1～ A4-14-10
030412002	工厂灯	1.名称 2.型号 3.规格 4.安装形式			A4-14-213～ A4-14-227; A4-14-234～ A4-14-241

续表

项目编码	项目名称	项目特征	计量单位	工程量计算规则	定额编号
030412003	高度标志（障碍）灯	1. 名称 2. 型号 3. 规格 4. 安装部位 5. 安装高度	套	按设计图示数量计算	A4-14-228～A4-14-233
030412004	装饰灯	1. 名称 2. 型号 3. 规格 4. 安装形式			A4-14-11～A4-14-196；A4-14-211～A4-14-212；A4-14-246～A4-14-247；A4-14-363～A4-14-376；A4-14-432～A4-14-443
030412005	荧光灯		套		A4-14-198～A4-14-210
030412006	医疗专用灯	1. 名称 2. 型号 3. 规格	套		A4-14-242～A4-14-245
030412007	一般路灯	1. 名称 2. 型号、规格 3. 灯杆材质、规格 4. 灯架的形式、臂长 5. 灯杆形式 6. 光源数量	套	按设计图示数量计算	A4-14-265～A4-14-295
030412008	中杆灯	1. 名称 2. 灯杆材质及高度 3. 灯架的型号、规格 4. 附件配置 5. 光源数量			A4-14-296～A4-14-301；A4-14-320～A4-14-325
030412009	高杆灯	1. 名称 2. 灯杆材质及高度 3. 灯架形式（成套或组装，固定或升降） 4. 附件配置 5. 光源数量			A4-14-302～A4-14-319；A4-14-326～A4-14-343
030412010	桥栏杆灯	1. 名称 2. 型号 3. 规格 4. 安装形式			A4-14-344～A4-14-347

续表

项目编码	项目名称	项目特征	计量单位	工程量计算规则	定额编号
WB030412001	彩控器	1. 名称 2. 型号 3. 规格	台	按设计图示数量计算	A4-14-197
WB030412002	霓虹灯变压器	1. 名称 2. 型号 3. 规格 4. 电压:(kV) 5. 功率:(W)	台		A4-14-248～A4-14-251
WB030412003	霓虹灯控制器	1. 名称 2. 型号 3. 规格	台		A4-14-252～A4-14-263
WB030412004	霓虹灯继电器	1. 名称 2. 型号 3. 规格	台		A4-14-264
WB030412005	路灯照明配件	1. 名称 2. 型号 3. 规格	套		A4-14-348～A4-14-350
WB030412006	路灯杆座	1. 名称 2. 材质 3. 规格	套（根）		A4-14-351～A4-14-362

注：1. 灯具安装定额详见章节说明灯具安装定额适用范围表。

2. 灯具引导线是指灯具吸盘到灯头的连线，除注明者外，均按照灯具自备考虑。如引导线需要另行配置时，其安装费不变，主材费另行计算。

3. 小区路灯、投光灯、氙气灯、烟囱或水塔指示灯的安装定额，考虑了超高安装（操作超高）因素，其他照明器具的安装高度大于 5m 时，按照册说明中的规定另行计算超高安装增加费。

4. 装饰灯具安装定额考虑了超高安装因素，并包括脚手架搭拆费用。

5. 4. 吊式艺术装饰灯具的灯体直径为装饰灯具的最大外径直径，灯体垂吊长度为灯座底部到灯梢之间的总长度。

6. 吸顶式艺术装饰灯具的灯体直径为吸盘最大外缘直径，灯体半周长为矩形吸盘的半周长，灯体垂吊长度为吸盘到灯梢之间的总长度。

7. 照明灯具安装除特殊说明外，均不包括支架制作与安装。工程实际发生时执行本册定额第七章“金属构件、穿墙套板安装工程”相关定额。

8. 定额包括灯具组装、安装、利用摇表测量绝缘及一般灯具的试亮工作。

9. 小区路灯安装定额包括灯柱、灯架、灯具安装；成品小区路灯基础安装包括基础土方施工，现浇混凝土小区路灯基础及土方施工执行《房屋建筑与装饰工程消耗量定额》相应项目。

10. 工厂厂区内、住宅小区内路灯的安装执行本册定额。小区路灯安装定额中不包括小区路灯杆接地。接地参照本册相关定额执行。

11. LED 灯安装根据其结构、形式、安装地点，执行相应的灯具安装定额。

D.13 附属工程

附属工程安装工程量清单项目设置、项目特征描述的内容、计量单位及工程量计算规则，应按表 D.13 的规定执行。

表 D.13 附属工程（编码：030413）

项目编码	项目名称	项目特征	计量单位	工程量计算规则	定额编号
030413001	铁构件	1. 名称 2. 材质 3. 规格	t	按设计图示尺寸以质量计算	A4-7-3～A4-7-8
WB030413001	端子板	1. 名称 2. 规格	组	按设计图示数量计算	A4-4-13
WB030413002	端子外部接线	1. 名称 2. 规格 3. 接线方式	个		A4-4-14～A4-4-17
WB030413003	接线端子	1. 名称 2. 规格 3. 制作方式	个		A4-4-18～A4-4-41
WB030413004	基础槽钢	1. 名称 2. 规格 3. 材质	m	按设计图示尺寸以长度计算	A4-7-1
WB030413005	基础角钢	1. 名称 2. 规格 3. 材质	m		A4-7-2
WB030413006	箱盒制作	1. 名称 2. 材质 3. 尺寸	kg	按设计图示尺寸以质量计算	A4-7-9
WB030413007	穿通板	1. 名称 2. 材质	块	按设计图示数量计算	A4-7-10～A4-7-14
WB030413008	网门、保护网制作、安装	1. 名称 2. 材质 3. 尺寸	m^2	按设计图示尺寸以面积计算	A4-7-15～A4-7-18
WB030413009	开挖路面	1. 名称 2. 厚度 3. 尺寸	m^2	按设计图示尺寸以面积计算	A4-9-1～A4-9-8
WB030413010	修复路面	1. 名称 2. 厚度 3. 尺寸	m^2	按设计图示尺寸以面积计算	A4-9-9～A4-9-16

注：1. 铁构件适用于电气工程的各种支架、铁构件的制作安装。

2. 凿槽、刨沟、打孔、打洞及其恢复子目，适用于设计变更或其他非承包单位的责任造成的工程量增加。 3. 电缆辅助施工定额包括开挖与修复路面、沟槽挖填、铺砂与保护、揭、盖或移动盖板等内容。

（1）定额不包括电缆沟与电缆井的砌筑或浇筑混凝土、隔热层与保护层制作与安装，工程实际发生时，执行相应定额。

（2）开挖路面、修复路面定额包括安装警戒设施的搭拆、开挖、回填、路面修复、余物外运、场地清理等工作内容，定额不包括施工场地的手续办理、秩序维护、临时通行设施搭拆等。

（3）开挖路面定额综合考虑了人工开挖、机械开挖，执行定额时不因施工组织与施工技术方式的不同而调整。

（4）修复路面的定额综合考虑了不同材质的制备，执行定额时不做调整。

4. 架空线路土石方工程定额包括施工定位。

施工定位定额中包括复测桩位、测定基坑与施工基面、厚度小于或等于±300mm 杆（塔）基位及施工基面范围内土石方平整。

D.14 电气调整试验

电气调整试验安装工程量清单项目设置、项目特征描述的内容、计量单位及工程量计算规则，应按表 D.14 的规定执行。

表 D.14 电气调整试验（编码：030414）

项目编码	项目名称	项目特征	计量单位	工程量计算规则	定额编号
030414001	电力变压器系统	1. 名称 2. 型号 3. 容量（kV·A）	系统	按设计图示系统计算	A4-17-18～A4-17-23
030414002	送配电装置系统	1. 名称 2. 型号 3. 电压等级（kV） 4. 类型	系统	按设计图示系统计算	A4-17-24～A4-17-29
030414003	特殊保护装置	1. 名称 2. 类型	台（套）	按设计图示数量计算	A4-17-32～A4-17-36
030414004	自动投入装置	1. 名称 2. 类型	系统（台、套）	按设计图示数量计算	A4-17-37～A4-17-46
030414006	事故照明切换装置	1. 名称 2. 类型	系统	按设计图示系统计算	A4-17-56～A4-17-58
030414007	不间断电源	1. 名称 2. 类型 3. 容量	系统	按设计图示系统计算	A4-17-52～A4-17-55
030414008	母线	1. 名称 2. 电压等级（kV）	段	按设计图示数量计算	A4-17-30～A4-17-31
030414010	电容器	1. 名称 2. 电压等级（kV）		按设计图示数量计算	A4-17-59～A4-17-60

续表

项目编码	项目名称	项目特征	计量单位	工程量计算规则	定额编号
030414011	接地装置	1. 名称 2. 类别	1. 系统　2. 组	1. 以系统计量，按设计图示系统计算 2. 以组计量，按设计图示数量计算。	A4-10-78～ A4-10-79
030414012	电抗器、消弧线圈		台	按设计图示数量计算	A4-17-61～ A4-17-62
030414013	电除尘器	1. 名称 2. 型号 3. 规格	组	按设计图示数量计算	A4-17-63～ A4-17-65
030414014	硅整流设备、可控硅整流装置	1. 名称 2. 类别 3. 电压（V） 4. 电流（A）	系统（台）	按设计图示系统计算	A4-17-72～ A4-17-79
030414015	电缆试验	1. 名称 2. 电压等级（kV）	次（根、点）	按设计图示数量计算	A4-17-150
WB030414001	发电机、调相机系统	1. 名称 2. 型号 3. 额定功率（kW）	系统	按设计图示系统计算	A4-17-1～ A4-17-17
WB030414002	直流盘绝缘监视系统	1. 名称 2. 类型	系统（套）		A4-17-47
WB030414003	变送器屏调试		台		A4-17-48
WB030414004	周波减负荷装置		系统		A4-17-49
WB030414005	柴油发电机	1. 名称 2. 类型 3. 容量	台		A4-17-50～ A4-17-51
WB030414006	故障滤波系统	1. 名称 2. 类型 3. 容量	台		A4-17-66～ A4-17-71
WB030414007	直流电动机	1. 名称 2. 型号 3. 功率 4. 控制方式	台		A4-17-80～ A4-17-100
WB030414008	交流同步电动机	1. 名称 2. 型号 3. 功率 4. 控制方式	台	按设计图示数量计算	A4-17-101～ A4-17-108
WB030414009	低压交流异步电动机				A4-17-109～ A4-17-115

续表

项目编码	项目名称	项目特征	计量单位	工程量计算规则	定额编号
WB030414010	高压交流异步电动机(一次设备)	1.名称 2.型号 3.功率 4.电压等级（kV）	台	按设计图示数量计算	A4-17-116～A4-17-121
WB030414011	高压交流异步电动机(二次设备)	1.名称 2.型号 3.功率 4.保护方式			A4-17-122～A4-17-124
WB030414012	交流同步电动机变频调速	1.名称 2.型号 3.功率	系统		A4-17-125～A4-17-132
WB030414013	交流异步电动机变频调速				A4-17-133～A4-17-141
WB030414014	电动机联锁装置	1.名称 2.型号 3.类型 4.联锁数量	组		A4-17-142～A4-17-144
WB030414015	太阳能光伏电站	1.名称 2.型号 3.容量（kW）	座		A4-17-145～A4-17-147
WB030414016	发电机直流耐压试验	1.名称 2.型号 3.容量（kW）	台		A4-17-148
WB030414017	变压器绕组变形测试	1.名称 2.型号 3.容量（kW）	台		A4-17-149
WB030414018	无功补偿装置投入试验	1.名称 2.型号	三相组		A4-17-151
WB030414019	SF6 气体试验	1.名称 2.型号	试样		A4-17-152
WB030414020	TA(TV)误差测试	1.名称 2.型号	组		A4-17-153
WB030414021	电磁式电压互感器压降测试	1.名称 2.型号 3.规格	组		A4-17-154
WB030414022	计量二次回路阻抗测试	1.名称	组		A4-17-155
WB030414023	机组 AWC 系统调试	1.名称 2.类型 3.电压等级（kV）	台		A4-17-156

续表

项目编码	项目名称	项目特征	计量单位	工程量计算规则	定额编号
WB030414024	发电机定子绕组测试	1. 名称 2. 型号 3. 容量（kW）	台	按设计图示数量计算	A4-17-157～A4-17-158
WB030414025	发电机转子通风孔试验	1. 名称 2. 型号 3. 容量（kW）	次	按设计规范要求计算	A4-17-159

注：1. 调试定额是按照现行的发电、输电、配电、用电工程启动试运及验收规程进行编制的，标准与规程未包括的调试项目和调试内容所发生的费用，应结合技术条件及相应的规定另行计算。

2. 调试定额中已经包括熟悉资料、编制调试方案、核对设备、现场调试、填写调试记录、整理调试报告等工作内容。

3. 本章定额所用到的电源是按照永久电源编制的，定额中不包括调试与试验所消耗的电量，其电费已包含在其他费用（甲方费用）中。当工程需要单独计算调试与试验电费时应按照实际表计电量计算。

4. 系统调试包括电气设备安装完毕后，对电气设备单体调试、校验与修正、电气一次设备与二次设备常规的试验等工作内容。非常规的调试与试验执行特殊项目测试与性能验收试验相应的定额子目。

5. 输配电装置系统调试中电压等级小于或等于 1kV 的定额适用于所有低压供电回路，如从低压配电装置至分配电箱的供电回路（包括照明供电回路）；从配电箱直接至电动机的供电回路已经包括在电动机的负载系统调试定额内。凡供电回路中带有仪表、继电器、电磁开关等调试元件的（不包括刀开关、保险器），均按照调试系统计算。移动电器和以插座连接的家电设备不计算调试费用。输配电设备系统调试包括系统内的电缆试验、绝缘耐压试验等调试工作。桥形接线回路中的断路器、母线分段接线回路中的断路器均作为独立的供电系统计算。配电箱内只有开关、熔断器等不含调试元件的供电回路，则不再作为调试系统计算。

6. 根据电动机的形式及规格，计算电动机电气调试。

7. 移动式电器和以插座连接的家用电器设备及电量计量装置，不计算调试费用。

8. 定额不包括设备的干燥处理和设备本身缺陷造成的元件更换修理，亦未考虑因设备元件质量低劣或安装质量问题对调试工作造成的影响。发生时，按照有关的规定进行处理。

9. 定额是按照新的且合格的设备考虑的。当调试经更换修改的设备、拆迁的旧设备时，定额乘以系数 1.15。

10. 调试定额是按照现行国家标准《电气装置安装工程　电气设备交接试验标准》GB 50150 及相应电气装置安装工程施工及验收系列规范进行编制的，标准与规范未包括的调试项目和调试内容所发生的费用，应结合技术条件及相应的规定另行计算。发电机、变压器、母线、线路的系统调试中均包括了相应保护调试，"保护装置系统调试"定额适用于单独调试保护系统。

11. 调试定额中已经包括熟悉资料、核对设备、填写试验记录、保护整定值的整定、整理调试报告等工作内容。

12. 调试带负荷调压装置的电力变压器时，调试定额乘以系数 1.12；三线圈变压器、整流变压器、电炉变压器调试按照同容量的电力变压器调试定额乘以系数 1.2。

13. 3～10kV 母线系统调试定额中包含一组电压互感器，电压等级小于或等于 1kV 母线系统调试定额中不包含电压互感器，定额适用于低压配电装置的各种母线（包括软母线）的调试。

14 可控硅调速直流电动机电气调试内容包括可控硅整流装置系统和直流电动机控制回路系统两个部分的调试。

15. 直流、硅整流、可控硅整流装置系统调试定额中包括其单体调试。

16. 交流变频调速直流电动机电气调试内容包括变频装置系统和交流电动机控制回路系统两个部分的调试。

17. 其他材料费中包括调试消耗、校验消耗材料费。

D.15　相关问题及说明

D.15.1　电气设备安装工程适用于10kV以下变配电设备及线路的安装工程、车间动力电气设备及电气照明、防雷及接地装置安装、配管配线、电气调试等。

D.15.2　挖土、填土工程，应按现行国家标准《房屋建筑与装饰工程工程量计算规范》GB 50854相关项目编码列项。

D.15.3　开挖路面，应按现行国家标准《市政工程工程量计算规范》GB 50857相关项目编码列项。

D.15.4　过梁、墙、楼板的钢（塑料）套管，应按本规范附录K采暖、给排水、燃气工程相关项目编码列项。

D.15.5　除锈、刷漆（补刷漆除外）、保护层安装，应按本规范附录M刷油、防腐蚀、绝热工程相关项目编码列项。

D.15.6　由国家或地方检测验收部门进行的检测验收应按本规范附录N措施项目编码列项。

D.15.7　本附录中的预留长度及附加长度见表D.15.7-1～表D.15.7-8。

表D.15.7-1　软母线安装预留长度

单位：m/根

项目	耐张	跳线	引下线、设备连接线
预留长度	2.5	0.8	0.6

表D.15.7-2　硬母线配置安装预留长度

单位：m/根

序号	项目	预留长度	说明
1	带形、槽形母线终端	0.3	从最后一个支持点算起
2	带形、槽形母线与分支线连接	0.5	分支线预留
3	带形母线与设备连接	0.5	从设备端子接口算起
4	多片重型母线与设备连接	1.0	从设备端子接口算起
5	槽形母线与设备连接	0.5	从设备端子接口算起

表D.15.7-3　盘、箱、柜的外部进出线预留长度

单位：m/根

序号	项目	预留长度	说明
1	各种箱、柜、盘、板、盒	高+宽	盘面尺寸
2	单独安装的铁壳开关、自动开关、刀开关、启动器、箱式电阻器、变阻器	0.5	从安装对象中心算起
3	继电器、控制开关、信号灯、按钮、熔断器等小电器	0.3	从安装对象中心算起
4	分支接头	0.2	分支线预留

表 D.15.7-4　滑触线安装预留长度

单位：m/根

序号	项目	预留长度	说明
1	圆钢、铜母线与设备连接	0.2	从设备接线端子接口算起
2	圆钢、铜滑触线终端	0.5	从最后一个固定点算起
3	角钢滑触线终端	1.0	从最后一个支持点算起
4	扁钢滑触线终端	1.3	从最后一个固定点算起
5	扁钢母线分支	0.5	分支线预留
6	扁钢母线与设备连接	0.5	从设备接线端子接口算起
7	轻轨滑触线终端	0.8	从最后一个支持点算起
8	安全节能及其他滑触线终端	0.5	从最后一个固定点算起

表 D.15.7-5　电缆敷设预留及附加长度

序号	项目	预留长度	说明
1	电缆敷设弛度、波形弯度、交叉	2.5%	按电缆全长计算
2	电缆进入建筑物	2.0m	规范规定最小值
3	电缆进入沟内或吊架时引上（下）预留	1.5m	规范规定最小值
4	变电所进线、出线	1.5m	规范规定最小值
5	电力电缆终端头	1.5m	检修余量最小值
6	电缆中间接线盒	两端各留 2.0m	检修余量最小值
7	电缆进控制、保护屏及模拟盘、配电箱等	高+宽	按盘面尺寸
8	高压开关柜及低压配电盘、箱	2.0m	盘下进出线
9	电缆至电动机	0.5m	从电动机接线盒算起
10	厂用变压器	3.0m	从地坪算起
11	电缆绕过梁柱等增加长度	按实计算	按被绕物的断面情况计算增加长度
12	电梯电缆与电缆架固定点	每处 0.5m	规范规定最小值

表 D.15.7-6　接地母线、引下线、避雷网附加长度

单位：m

项目	附加长度	说明
接地母线、引下线、避雷网附加长度	3.90%	按接地母线、引下线、避雷网全长计算

表 D.15.7-7　架空线预留长度

单位：m/根

项目		预留长度
高压	转角	2.5
	分支、终端	2.0
低压	分支、终端	0.5
	交叉跳线转角	1.5
与设备连线		0.5
进户线		2.5

表 D.15.7-8　配线进入箱、柜、板预留长度

单位：m/根

序号	项目	预留长度	说明
1	各种开关箱、柜、板	高+宽	盘面尺寸
2	单独安装（无箱、盘）的铁壳开关、闸刀开关、启动器、线槽进出线盒等	0.3	从安装对象中心算起
3	由地面管子出口引至动力接线箱	1.0	从管口计算
4	电源与管内导线连接（管内穿线与软、硬母线接点）	1.5	从管口计算
5	出户线	1.5	从管口计算

附录 E 建筑智能化工程

E.1 计算机应用、网络系统工程

计算机应用、网络系统工程工程量清单项目设置、项目特征描述的内容、计量单位及工程量计算规则，应按表 E. 1 的规定执行。

表 E.1 计算机应用、网络系统工程（编码：030501）

项目编码	项目名称	项目特征	计量单位	工程量计算规则	定额编号
030501001	输入设备	1. 名称 2. 规格型号 3. 技术参数 4. 安装方式	台	按设计图示数量计算	A5-1-1
030501002	输出设备	1. 名称 2. 规格型号 3. 技术参数 4. 安装方式	台	按设计图示数量计算	A5-1-6～A5-1-15
030501003	控制设备	1. 名称 2. 规格型号 3. 技术参数 4. 安装方式	台	按设计图示数量计算	A5-1-23～A5-1-34
030501004	存储设备	1. 名称 2. 规格型号 3. 技术参数 4. 容量 5. 通道数	台	按设计图示数量计算	A5-1-35～A5-1-45
030501009	路由器	1. 名称 2. 类别 3. 规格型号	台	按设计图示数量计算	A5-1-46～A5-1-47 A5-1-50～A5-1-51
030501010	收发器	1. 名称 2. 规格型号 3. 技术参数	台	按设计图示数量计算	A5-1-52～A5-1-53
030501011	防火墙	1. 名称 2. 规格型号 3. 技术参数	台(套)	按设计图示数量计算	A5-1-54

续表

项目编码	项目名称	项目特征	计量单位	工程量计算规则	定额编号
030501012	交换机	1. 名称 2. 规格型号 3. 技术参数 4. 层数	台(套)	按设计图示数量计算	A5-1-55～A5-1-60
030501013	网络服务器软件	1. 名称 2. 规格型号 3. 技术参数	台(套)	按设计图示数量计算	A5-1-61～A5-1-63
030501015	计算机应用、网络系统系统联调	1. 名称 2. 类别 3. 用户数量	系统	按设计图示数量计算	A5-1-71～A5-1-73
030501016	计算机应用、网络系统试运行	1. 名称 2. 类别 3. 用户数	系统	按设计图示数量计算	A5-1-74
030501017	软件	1. 名称 2. 规格型号 3. 技术参数 4. 容量	套	按设计图示数量计算	A5-1-75～A5-1-78
WB030501001	附属设备	1. 名称 2. 规格型号 3. 技术参数 4. 安装方式	台、个、条、块	按设计图示数量计算	A5-1-16～A5-1-22
WB030501002	适配器	1. 名称 2. 规格型号 3. 技术参数	台	按设计图示数量计算	A5-1-48
WB030501003	中继器	1. 名称 2. 规格型号 3. 技术参数	台	按设计图示数量计算	A5-1-49
WB030501004	网桥设备	1. 名称 2. 规格型号 3. 技术参数	台	按设计图示数量计算	A5-1-64～A5-1-68
WB030501005	无线控制器	1. 名称 2. 类别 3. 规格 4. 安装方式	台	按设计图示数量计算	A5-1-69
WB030501006	无线 AP	1. 名称 2. 规格型号 3. 技术参数	个	按设计图示数量计算	A5-1-70

E.2 综合布线系统工程

综合布线系统工程工程量清单项目设置、项目特征描述的内容、计量单位及工程量计算规则，应按表 E.2 的规定执行。

表 E.2 综合布线系统工程（编码：030502）

项目编码	项目名称	项目特征	计量单位	工程量计算规则	定额编号
030502001	机柜、机架	1. 名称 2. 规格型号 3. 技术参数 4. 安装方式	台	按设计图示数量计算	A5-2-1～A5-2-2
030502002	抗震底座	1. 名称 2. 规格型号 3. 技术参数 4. 安装方式	个	按设计图示数量计算	A5-2-3
030502004	电视、电话插座	1. 名称 2. 规格型号 3. 技术参数 4. 安装方式 5. 底盒材质、规格型号	个	按设计图示数量计算	A5-2-61～A5-2-62 A5-2-70～A5-2-71
030502005	双绞线缆	1. 名称 2. 规格型号 3. 技术参数 4. 敷设方式	m	按设计图示尺寸以长度计算	A5-2-4 A5-2-9
030502006	大对数电缆	1. 名称 2. 规格型号 3. 技术参数 4. 安装方式	m	按设计图示尺寸以长度计算	A5-2-5～A5-2-8 A5-2-10～A5-2-13
030502007	光缆	1. 名称 2. 规格型号 3. 技术参数 4. 敷设方式	m	按设计图示尺寸以长度计算	A5-2-24～A5-2-39
030502008	光纤束、光缆外护套	1. 名称 2. 规格型号 3. 敷设方式	m	按设计图示尺寸以长度计算	A5-2-40～A5-2-41
030502009	跳线	1. 名称 2. 规格型号 3. 技术参数	条	按设计图示数量计算	A5-2-42～A5-2-43
030502010	配线架	1. 名称 2. 规格型号 3. 技术参数 4. 容量	条(架)	按设计图示数量计算	A5-2-44～A5-2-56

续表

项目编码	项目名称	项目特征	计量单位	工程量计算规则	定额编号
030502012	信息插座	1. 名称 2. 类别 3. 规格 4. 安装方式 5. 底盒材质、规格	个(块)	按设计图示数量计算	A5-2-63～A5-2-69
030502013	光纤连接盘	1. 名称 2. 类别 3. 规格 4. 安装方式	个(块)	按设计图示数量计算	A5-2-72
030502014	光纤连接	1. 方法 2. 模式	芯(端口)	按设计图示数量计算	A5-2-73～A5-2-75
030502015	光缆终端盒	光缆芯数	个	按设计图示数量计算	A5-2-76～A5-2-79
030502016	布放尾纤	1. 名称 2. 规格 3. 安装方式	根	按设计图示数量计算	A5-2-89～A5-2-91
030502017	线管理器	1. 名称 2. 规格型号 3. 安装方式	个	按设计图示数量计算	A5-2-92
030502018	跳块	1. 名称 2. 规格型号 3. 安装方式	个	按设计图示数量计算	A5-2-93
030502019	双绞线缆测试	链路/通道数量	链路/通道	按设计图示数量计算	A5-2-94～A5-2-95
030502020	光纤测试	链路/通道数量	链路/通道	按设计图示数量计算	A5-2-96
WB030502001	软电线	1. 名称 2. 规格型号 3. 技术参数 4. 敷设方式	m	按设计图示尺寸以长度计算	A5-2-14～A5-2-23
WB030502002	光纤耦合器条	1. 名称 2. 规格型号	条	按设计图示数量计算	A5-2-57～A5-2-60
WB030502003	光缆接续	1. 方法 2. 模式	头	按设计图示数量计算	A5-2-80～A5-2-83
WB030502004	光缆成端头	1. 名称 2. 规格型号 3. 作用	套（个）	按设计图示数量计算	A5-2-84～A5-2-85
WB030502005	水晶头	1. 名称 2. 规格型号	个	按设计图示数量计算	A5-2-86～A5-2-87

E.3　建筑设备自动化系统工程

建筑设备自动化系统工程工程量清单项目设置、项目特征描述的内容、计量单位及工程量计算规则，应按表 E.3 的规定执行。

表 E.3 建筑设备自动化系统工程（编码：030503）

项目编码	项目名称	项目特征	计量单位	工程量计算规则	定额编号
030503002	通信网络控制设备	1. 名称 2. 规格型号 3. 技术参数	台(套)	按设计图示数量计算	A5-3-1～A5-3-9
030503003	控制器	1. 名称 2. 规格型号 3. 技术参数	台(套)	按设计图示数量计算	A5-3-10～A5-3-25
030503005	第三方通信设备接口	1. 名称 2. 规格型号 3. 技术参数	个	按设计图示数量计算	A5-3-26～A5-3-36
030503006	传感器、变送器	1. 名称 2. 规格型号 3. 技术参数	支(台)	按设计图示数量计算	A5-3-37～A5-3-81
030503007	电动调节阀执行机构	1. 名称 2. 规格型号 3. 技术参数	个	按设计图示数量计算	A5-3-82～A5-3-91
030503008	电动、电磁阀门	1. 名称 2. 规格型号 3. 技术参数	个	按设计图示数量计算	A5-3-92～A5-3-93
030503009	建筑设备自控化系统调试	控制点数量	系统	按设计图示数量计算	A5-3-94～A5-3-103
030503010	建筑设备自控化系统试运行	控制点数量	系统	按设计图示数量计算	A5-3-104
WB030503001	远传基表	1. 名称 2. 规格型号 3. 技术参数	个	按设计图示数量计算	A5-3-105～A5-3-108
WB030503002	基表电动阀	1. 名称 2. 规格型号 3. 技术参数	个	按设计图示数量计算	A5-3-109～A5-3-110
WB030503003	带 IC 智能表	1. 名称 2. 规格型号 3. 技术参数	个	按设计图示数量计算	A5-3-111～A5-3-113
WB030503004	抄表采集设备	1. 名称 2. 规格型号 3. 技术参数	个	按设计图示数量计算	A5-3-114～A5-3-124
WB030503005	多表远传系统调试	控制点数量	系统	按设计图示数量计算	A5-3-125
WB030503005	多表远传系统试运行	控制点数量	系统	按设计图示数量计算	A5-3-126
WB030503006	家居智能化控制设备	1. 名称 2. 规格型号 3. 技术参数	台(套)	按设计图示数量计算	A5-3-127～A5-3-140
WB030503007	家居智能化设备调试	控制点数量	台	按设计图示数量计算	A5-3-141～A5-3-143

续表

项目编码	项目名称	项目特征	计量单位	工程量计算规则	定额编号
WB030503008	家居智能化系统调试	住户数量	系统	按设计图示数量计算	A5-3-144～A5-3-148
WB030503009	家居智能化系统试运行	住户数量	系统	按设计图示数量计算	A5-3-149

E.4　建筑信息综合管理系统工程

建筑信息综合管理系统工程工程量清单项目设置、项目特征描述的内容、计量单位及工程量计算规则，应按表 E. 4 的规定执行。

表 E.4　建筑信息综合管理系统工程（编码：030504）

项目编码	项目名称	项目特征	计量单位	工程量计算规则	定额编号
030504001	服务器	1. 名称 2. 规格型号 3. 技术参数	台（套）	按设计图示数量计算	A5-1-2～A5-1-5

E.5　有线电视、卫星接收系统工程

有线电视、卫星接收系统工程工程量清单项目设置、项目特征描述的内容、计量单位及工程量计算规则，应按表 E. 5 的规定执行。

表 E.5　有线电视、卫星接收系统工程（编码：030505）

项目编码	项目名称	项目特征	计量单位	工程量计算规则	定额编号
030505001	共用天线	1. 名称 2. 规格型号 3. 技术参数	副	按设计图示数量计算	A5-4-4～A5-4-5
030505002	卫星电视天线、馈线系统	1. 名称 2. 规格型号 3. 技术参数 4. 地点 5. 楼高	副	按设计图示数量计算	A5-4-6～A5-4-15
030505003	前端机柜	1. 名称 2. 规格型号 3. 技术参数 4. 安装方式	台	按设计图示数量计算	A5-4-16
030505004	电视墙	1. 名称 2. 规格 3. 材质 4. 监视器数量	套	按设计图示数量计算	A5-4-17～A5-4-18

续表

项目编码	项目名称	项目特征	计量单位	工程量计算规则	定额编号
030505005	射频同轴电缆	1. 名称 2. 规格型号 3. 敷设方式	m	按设计图示尺寸以长度计算	A5-4-87～A5-4-98
030505006	同轴电缆接头	1. 名称 2. 规格型号	个	按设计图示数量计算	A5-4-99～A5-4-104
030505007	前端射频设备	1. 名称 2. 规格型号 3. 技术参数 4. 频道数量	套	按设计图示数量计算	A5-4-19～A5-4-24
030505008	卫星地面站接收设备	1. 名称 2. 规格型号 3. 技术参数	台（个）	按设计图示数量计算	A5-4-39～A5-4-43
030505009	光端设备安装、调试	1. 名称 2. 规格型号 3. 技术参数 4. 安装方式	台	按设计图示数量计算	A5-4-49～A5-4-56
030505010	有线电视系统管理设备	1. 名称 2. 规格型号 3. 技术参数	台	按设计图示数量计算	A5-4-33～A5-4-38
030505011	播控设备安装、调试	1. 名称 2. 规格型号 3. 技术参数	台	按设计图示数量计算	A5-4-62～A5-4-77
030505012	干线设备	1. 名称 2. 规格型号 3. 技术参数 4. 安装方式	台（个）	按设计图示数量计算	A5-4-57～A5-4-61
030505013	分配网络	1. 名称 2. 规格型号 3. 技术参数 4. 安装方式	台（只）	按设计图示数量计算	A5-4-78～A5-4-84
030505014	终端调试	1. 名称 2. 规格型号 3. 技术参数	台（户）	按设计图示数量计算	A5-4-85～A5-4-86
WB030505001	电视设备箱	1. 名称 2. 规格	台	按设计图示数量计算	A5-4-1
WB030505002	天线杆	1. 名称 2. 基础 3. 规格	套	按设计图示数量计算	A5-4-2～A5-4-3
WB030505003	卫星电视天线调试	1. 名称 2. 类别 3. 用户数量	系统	按设计图示数量计算	A5-4-105～A5-4-107

续表

项目编码	项目名称	项目特征	计量单位	工程量计算规则	定额编号
WB030505004	前端电视信号处理设备	1. 名称 2. 规格型号 3. 技术参数	台	按设计图示数量计算	A5-4-25～A5-4-32
WB030505005	卫星地面站前端设备	1. 名称 2. 规格型号 3. 技术参数	台（个）	按设计图示数量计算	A5-4-44～A5-4-48
WB030505006	有线电视、卫星接收系统试运行	1. 名称 2. 类别 3. 用户数量	系统	按设计图示数量计算	A5-4-108

E.6 多媒体（音频、视频）系统工程

多媒体（音频、视频）系统工程工程量清单项目设置、项目特征描述的内容、计量单位及工程量计算规则，应按表 E.6 的规定执行。

表 E.6 多媒体（音频、视频）系统工程（编码：030506）

项目编码	项目名称	项目特征	计量单位	工程量计算规则	定额编号
030506001	扩声系统设备	1. 名称 2. 规格型号 3. 技术参数 4. 安装方式	台（个）	按设计图示数量计算	A5-5-1～A5-5-100
030506002	扩声系统调试	1. 名称 2. 类别 3. 点数	系统	按设计图示数量计算	A5-5-101～A5-5-102
030506003	扩声系统试运行	1. 名称 2. 类别 3. 点数	系统	按设计图示数量计算	A5-5-103
030506004	背景音乐系统设备	1. 名称 2. 规格型号 3. 技术参数 4. 安装方式	台	按设计图示数量计算	A5-5-104～A5-5-139
030506005	背景音乐系统调试	1. 名称 2. 类别 3. 点数	系统	按设计图示数量计算	A5-5-140
030506007	会议（视频）系统设备	1. 名称 2. 规格型号 3. 技术参数 4. 安装方式	台（套）	按设计图示数量计算	A5-5-141～A5-5-260

续表

项目编码	项目名称	项目特征	计量单位	工程量计算规则	定额编号
030506008	会议（视频）系统调试	1. 名称 2. 类别 3. 点数	系统	按设计图示数量计算	A5-5-261～A5-5-262
WB030506001	会议（视频）系统试运行	1. 名称 2. 类别 3. 点数	系统	按设计图示数量计算	A5-5-263
WB030506002	灯光系统设备	1. 名称 2. 规格型号 3. 技术参数 4. 安装方式	台	按设计图示数量计算	A5-5-264～A5-5-340
WB030506003	灯光系统调试	1. 名称 2. 类别 3. 点数	系统	按设计图示数量计算	A5-5-341
WB030506004	集中控制系统设备	1. 名称 2. 规格型号 3. 技术参数 4. 安装方式	台	按设计图示数量计算	A5-5-342～A5-5-378
WB030506005	集中控制系统调试	1. 名称 2. 类别 3. 功能	系统	按设计图示数量计算	A5-5-379

E.7 安全防范系统工程

安全防范系统工程工程量清单项目设置、项目特征描述的内容、计量单位及工程量计算规则，应按表 E. 7 的规定执行。

表 E.7 安全防范系统工程（编码：030507）

项目编码	项目名称	项目特征	计量单位	工程量计算规则	定额编号
030507001	入侵探测设备	1. 名称 2. 规格型号 3. 技术参数 4. 安装方式	台（套）	按设计图示数量计算	A5-6-1～A5-6-29
030507002	入侵报警控制器	1. 名称 2. 规格型号 3. 路数 4. 安装方式	台（套）	按设计图示数量计算	A5-6-30～A5-6-44
030507003	入侵报警中心显示设备	1. 名称 2. 规格型号 3. 技术参数 4. 安装方式	只	按设计图示数量计算	A5-6-45～A5-6-47

续表

项目编码	项目名称	项目特征	计量单位	工程量计算规则	定额编号
030507004	入侵报警信号传输设备	1. 名称 2. 规格型号 3. 技术参数 4. 安装方式	套	按设计图示数量计算	A5-6-48～A5-6-54
030507005	出入口目标识别设备	1. 名称 2. 规格型号 3. 技术参数 4. 安装方式	台	按设计图示数量计算	A5-6-56～A5-6-62
030507006	出入口控制设备	1. 名称 2. 规格型号 3. 技术参数 4. 安装方式	台	按设计图示数量计算	A5-6-63～A5-6-67
030507007	出入口执行机构设备	1. 名称 2. 规格型号 3. 技术参数 4. 安装方式	台	按设计图示数量计算	A5-6-68～A5-6-73
030507008	监控摄像设备	1. 名称 2. 规格型号 3. 技术参数 4. 安装方式	台(套)	按设计图示数量计算	A5-6-88～A5-6-124
030507009	视频控制识别	1. 名称 2. 规格型号 3. 技术参数 4. 路数	台(套)	按设计图示数量计算	A5-6-125～A5-6-144
030507012	视频传输设备	1. 名称 2. 规格型号 3. 技术参数 4. 安装方式	台(套)	按设计图示数量计算	A5-6-149 A5-6-158
030507014	显示设备	1. 名称 2. 规格型号 3. 技术参数 4. 安装方式	台(套)	按设计图示数量计算	A5-6-150～A5-6-156
030507015	安全检查设备	1. 名称 2. 规格型号 3. 技术参数 4. 程式 5. 通道数	台(套)	按设计图示数量计算	A5-6-160～A5-6-167
030507016	停车场管理设备	1. 名称 2. 规格型号 3. 技术参数 4. 通道数	台(套)	按设计图示数量计算	A5-6-183～A5-6-206

续表

项目编码	项目名称	项目特征	计量单位	工程量计算规则	定额编号
030507019	安全防范系统工程试运行	1. 名称 2. 类别	系统	按设计内容	A5-6-220～A5-6-228
WB030507001	入侵报警系统调试	1. 名称 2. 类别 3. 防区数	系统	按设计图示数量计算	A5-6-55
WB030507002	出入口控制系统调试	1. 名称 2. 类别	系统	按设计图示数量计算	A5-6-74～A5-6-77
WB030507003	电子巡查设备	1. 名称 2. 规格型号 3. 技术参数 4. 安装方式	个(只)	按设计图示数量计算	A5-6-78～A5-6-83
WB030507004	楼宇对讲设备	1. 名称 2. 规格型号 3. 技术参数	台(套)	按设计图示数量计算	A5-6-172～A5-6-181
WB030507005	楼宇对讲设备系统调试	1. 名称 2. 类别 3. 用户数量	系统	按设计图示数量计算	A5-6-182
WB030507006	电子巡查系统调试	1. 名称 2. 类别 3. 点数	系统	按设计图示数量计算	A5-6-84～A5-6-87
WB030507007	视频监控系统调试	1. 名称 2. 类别 3. 点数	系统	按设计图示数量计算	A5-6-159
WB030507008	安全检查系统调试	1. 名称 2. 类别 3. 通道数	系统	按设计图示数量计算	A5-6-168～A5-6-171
WB030507009	停车场管理系统调试	1. 名称 2. 类别 3. 通道数	系统	按设计图示数量计算	A5-6-207～A5-6-219

E.8 信息化应用系统

停车场及智能交通管理系统工程工程量清单项目设置、项目特征描述的内容、计量单位及工程量计算规则，应按表 E. 8 的规定执行。

表 E.8　信息化应用系统（编码：WB030508）

项目编码	项目名称	项目特征	计量单位	工程量计算规则	定额编号
WB030508001	自动检售票设备	1. 名称 2. 规格型号 3. 技术参数	台（站）	按设计图示数量计算	A5-7-1～A5-7-8
WB030508002	车票清点、清洁设备	1. 名称 2. 规格型号 3. 技术参数	个	按设计图示数量计算	A5-7-9～A5-7-10
WB030508003	自动检售票系统联网调试	名称	系统	按设计图示数量计算	A5-7-11
WB030508004	智能信息采集设备	1. 名称 2. 规格型号 3. 技术参数	台	按设计图示数量计算	A5-7-12～A5-7-17
WB030508005	智能识别处理设备	1. 名称 2. 规格型号 3. 技术参数	台(套)	按设计图示数量计算	A5-7-18～A5-7-20
WB030508006	智能识别系统调试	1. 名称 2. 类别	系统	按设计图示数量计算	A5-7-21～A5-7-34
WB030508007	信息安全管理系统	1. 名称 2. 规格型号 3. 技术参数	套	按设计图示数量计算	A5-7-35～A5-7-40
WB030508008	信息安全管控	1. 名称 2. 规格型号 3. 技术参数	台(套)	按设计图示数量计算	A5-7-41～A5-7-42
WB030508009	网关设备	1. 名称 2. 规格型号 3. 技术参数	台	按设计图示数量计算	A5-7-43～A5-7-44
WB030508010	呼叫（叫号）器	1. 名称 2. 规格型号 3. 技术参数	只（台）	按设计图示数量计算	A5-7-45～A5-7-47
WB030508011	呼叫主机	1. 名称 2. 规格型号 3. 技术参数 4. 门/户数量	台	按设计图示数量计算	A5-7-48～A5-7-51
WB030508012	呼叫系统调试	名称	系统	按设计图示数量计算	A5-7-52
WB030508013	信息引导与发布显示设备	1. 名称 2. 规格型号 3. 技术参数 4. 安装方式	套（台）	按设计图示数量计算	A5-7-53～A5-7-54

续表

项目编码	项目名称	项目特征	计量单位	工程量计算规则	定额编号
WB030508014	LED显示屏	1.名称 2.规格型号 3.技术参数 4.安装方式	套（m^2）	按设计图示数量计算	A5-7-55～A5-7-64
WB030508015	数字媒体控制设备	1.名称 2.规格型号 3.技术参数	套（台）	按设计图示数量计算	A5-7-65～A5-7-66
WB030508016	信息引导与发布系统调试	1.名称 2.类别	套（台）	按设计图示数量计算	A5-7-67～A5-7-69
WB030508017	时钟设备	1.名称 2.规格型号 3.技术参数 4.安装方式	套（个）	按设计图示数量计算	A5-7-70～A5-7-78
WB030508018	时钟系统调试	1.名称 2.类别	套（台）	按设计图示数量计算	A5-7-79～A5-7-80
WB030508019	信号屏蔽设备	1.名称 2.规格型号 3.技术参数 4.安装方式	套	按设计图示数量计算	A5-7-81～A5-7-82
WB030508020	信号屏蔽系统调试	名称	系统	按设计图示数量计算	A5-7-83
WB030508021	车辆检测识别设备	1.名称 2.规格型号 3.技术参数	台(套)	按设计图示数量计算	A5-7-84～A5-7-100
WB030508022	环境检测设备	1.名称 2.规格型号 3.技术参数	台(套)	按设计图示数量计算	A5-7-101～A5-7-102 A5-7-132～A5-7-136
WB030508023	信息显示设备	1.名称 2.规格型号 3.技术参数	套	按设计图示数量计算	A5-7-103～A5-7-123
WB030508024	现场管理设备	1.名称 2.类别 3.规格型号	套(台)	按设计图示数量计算	A5-7-124～A5-7-127
WB030508025	系统互联与调试	1.名称 2.类别 3.通道数 4.站数	系统(套)	按设计图示数量计算	A5-7-128～A5-7-131

E.9 电源与电子防雷系统工程

电源与电子防雷系统工程工程量清单项目设置、项目特征描述的内容、计量单位及工程量计算规则，应按表 E. 9 的规定执行。

表 E.9 电源与电子防雷系统（编码：WB030509）

项目编码	项目名称	项目特征	计量单位	工程量计算规则	定额编号
WB030509001	电源设备	1. 名称 2. 规格型号 3. 技术参数	台	按设计图示数量计算	A5-8-1～A5-8-10
WB030509002	调压器、变换器	1. 名称 2. 规格型号 3. 技术参数	台（盘、架）	按设计图示数量计算	A5-8-11～A5-8-14
WB030509003	稳压器、整流模块	1. 名称 2. 规格型号 3. 技术参数	台（块）	按设计图示数量计算	A5-8-15～A5-8-16
WB030509004	开关电源系统调测	1. 名称 2. 规格型号 3. 技术参数	台	按设计图示数量计算	A5-8-17
WB030509005	方阵铁架	1. 名称 2. 规格型号 3. 安装方式	m^2	按设计图示数量计算	A5-8-18～A5-8-19
WB030509006	太阳能电池	1. 名称 2. 规格型号 3. 技术参数	组	按设计图示数量计算	A5-8-20～A5-8-27
WB030509007	太阳能电池联测	1. 名称 2. 形式	台	按设计图示数量计算	A5-8-28
WB030509008	整流器	1. 名称 2. 规格型号 3. 技术参数	台	按设计图示数量计算	A5-8-29～A5-8-36
WB030509009	天线铁塔避雷装置	1. 名称 2. 规格型号 3. 技术参数	处	按设计图示数量计算	A5-8-37～A5-8-39
WB030509009	浪涌保护器	1. 名称 2. 规格型号 3. 技术参数	个	按设计图示数量计算	A5-8-40～A5-8-58
WB030509010	其他避雷器	1. 名称 2. 规格型号 3. 技术参数	套	按设计图示数量计算	A5-8-59～A5-8-60
WB030509010	接地模块	1. 名称 2. 规格型号 3. 技术参数 4. 类别	个	按设计图示数量计算	A5-8-61～A5-8-64

E.10　通讯网络系统工程

通讯网络系统工程工程量清单项目设置、项目特征描述的内容、计量单位及工程量计算规则，应按表 E.10 的规定执行。

表 E.10　通讯网络（编码：030510）

项目编码	项目名称	项目特征	计量单位	工程量计算规则	定额编号
WB030510001	微波窄带基站设备	1. 名称 2. 规格型号 3. 技术参数 4. 路数	台（个）	按设计图示数量计算	A5-9-1～A5-9-6
WB030510002	微波窄带用户站设备	1. 名称 2. 规格型号 3. 技术参数 4. 路数	台（个）	按设计图示数量计算	A5-9-7～A5-9-10
WB030510003	微波窄带基站调试	1. 名称 2. 类别	台	按设计图示数量计算	A5-9-11～A5-9-12
WB030510004	微波窄带用户站调试	1. 名称 2. 类别	台	按设计图示数量计算	A5-9-13
WB030510005	微波窄带无线接入系统联调	1. 名称 2. 类别	站	按设计图示数量计算	A5-9-14～A5-9-15
WB030510006	微波窄带无线接入系统试运行	名称	系统	按设计图示数量计算	A5-9-16
WB030510007	微波宽带基站设备	1. 名称 2. 规格型号 3. 技术参数	台	按设计图示数量计算	A5-9-17～A5-9-21
WB030510008	微波宽带用户站设备	1. 名称 2. 类别 3. 规格型号	台	按设计图示数量计算	A5-9-22～A5-9-23
WB030510009	微波宽带无线接入系统联调	1. 名称 2. 类别	站	按设计图示数量计算	A5-9-24～A5-9-26
WB030510010	微波宽带无线接入系统试运行	名称	系统	按设计图示数量计算	A5-9-27
WB030510011	VSAT 中心站设备	1. 名称 2. 规格型号 3. 技术参数	台	按设计图示数量计算	A5-9-28～A5-9-31
WB030510012	VSAT 端站设备	1. 名称 2. 规格型号 3. 技术参数	站	按设计图示数量计算	A5-9-32
WB030510013	VSAT 中心站站内环测及全网系统对测	1. 名称 2. 测试类别 3. 测试内容	站	按设计图示数量计算	A5-9-33～35

续表

项目编码	项目名称	项目特征	计量单位	工程量计算规则	定额编号
WB030510014	移动通信天线、馈线安装	1. 名称 2. 规格型号 3. 技术参数 4. 安装方式	副	按设计图示数量计算	A5-9-36～A5-9-53 A5-9-56～A5-9-59
WB030510015	移动通信天线、馈线系统调试	1. 名称 2. 类别	副	按设计图示数量计算	A5-9-54～A5-9-55
WB030510016	移动通信基站设备	1. 名称 2. 规格型号 3. 技术参数 4. 安装方式	台(站、个)	按设计图示数量计算	A5-9-60～A5-9-64
WB030510017	移动通信基站调试	1. 名称 2. 类别 3. 频数	站	按设计图示数量计算	A5-9-65～A5-9-71
WB030510018	移动寻呼控制中心设备	1. 名称 2. 规格型号 3. 技术参数 4. 每台数量	台(套)	按设计图示数量计算	A5-9-72～A5-9-76
WB030510019	移动通讯交换附属设备	1. 名称 2. 规格型号 3. 技术参数	套(架)	按设计图示数量计算	A5-9-77～A5-9-80
WB030510020	移动通讯系统联网调试	1. 名称 2. 类别	站	按设计图示数量计算	A5-9-81～A5-9-83
WB030510021	移动通讯系统试运行	名称	系统	按设计图示数量计算	A5-9-84
WB030510022	光纤传输设备	1. 名称 2. 规格型号 3. 技术参数	端(套)	按设计图示数量计算	A5-9-85～A5-9-112
WB030510023	网络管理系统	1. 名称 2. 规格型号 3. 技术参数	系统	按设计图示数量计算	A5-9-113～A5-9-118
WB030510024	网络监控设备	1. 名称 2. 规格型号 3. 技术参数	站	按设计图示数量计算	A5-9-119～A5-9-123
WB030510025	数字通信通道调试	1. 名称 2. 测试类别 3. 测试内容	系统(站)	按设计图示数量计算	A5-9-124～A5-9-129
WB030510026	同步数字网络设备	1. 名称 2. 类别	台	按设计图示数量计算	A5-9-130～A5-9-132
WB030510027	程控交换机	1. 名称 2. 规格型号 3. 技术参数 4. 用户线数	站	按设计图示数量计算	A5-9-133～A5-9-136

续表

项目编码	项目名称	项目特征	计量单位	工程量计算规则	定额编号
WB030510028	中继器	1.名称 2.规格型号 3.技术参数	站	按设计图示数量计算	A5-9-137～A5-9-142
WB030510029	外围设备	1.名称 2.规格型号 3.技术参数	站	按设计图示数量计算	A5-9-143～A5-9-148
WB030510030	程控交换系统试运行	名称	系统	按设计图示数量计算	A5-9-149
WB030510031	微波通讯设备	1.名称 2.规格型号 3.技术参数	套	按设计图示数量计算	A5-9-150～A5-9-157
WB030510032	微波通讯系统联调	1.名称 2.类别 3.站数	站	按设计图示数量计算	A5-9-158～A5-9-161
WB030510033	微波通讯系统试运行	名称	系统	按设计图示数量计算	A5-9-162

E.10 相关问题及说明

E.10.1 土方工程，赢按现行国家标准《房屋建筑与装饰工程工程量计算规范》GB 50854 相关项目编码列项。

E.10.2 挖土、填土工程，应按现行国家标准《房屋建筑与装饰工程工程量计算规范》GB 50854 相关项目编码列项。

E.10.3 配管工程，线槽，桥架，电气设备，电气器件，接线箱、盒，电线，接地系统，凿槽，打洞应按本规范附录 D 电气设备安装工程相关项目编码列项。

E.10.4 机架等项目的除锈、刷油应按本规范附录 M 刷油、防腐蚀、绝热工程相关项目编码列项。

E.10.5 由国家或地方检测验收部门进行的检测验收应按本规范附录 N 措施项目编码列项。

附录 F　自动化控制仪表安装工程

F.1　过程检测仪表

过程检测仪表工程量清单项目设置、项目特征描述的内容、计量单位及工程量计算规则，应按表 F.1 的规定执行。

表 F.1　过程检测仪表（编码：030601）

项目编码	项目名称	项目特征	计量单位	工程量计算规则	定额编号
030601001	温度仪表	1. 名称 2. 型号 3. 规格 4. 类型 5. 套管材质、规格 6. 挠性管材质、规格 7. 调试要求 8. 配合单体试运转	支	按图示数量计算	A6-1-1～A6-1-45
030601002	压力仪表	1. 名称 2. 型号 3. 规格 4. 压力表弯材质、规格 5. 挠性管材质、规格 6. 调试要求 7. 脱脂要求 8. 配合单机试运转	台（块）		A6-1-46～A6-1-55
030601003	变送单元仪表	1. 名称 2. 型号 3. 规格 4. 功能 5. 节流装置类型、规格 6. 辅助容器类型、规格 7. 挠性管材质规格 8. 调试要求 9. 清洗、脱脂要求 10. 配合单体调试	台		A6-2-1～A6-2-13 A6-2-31～A6-2-36

续表

项目编码	项目名称	项目特征	计量单位	工程量计算规则	定额编号
030601004	流量仪表	1. 名称 2. 型号 3. 规格 4. 节流装置类型、规格 5. 辅助容器类型、规格 6. 挠性管材质、规格 7. 调试要求 8. 脱脂要求 9. 配合单体试运行 10. 核辐射安全保护	台（块）	按图示数量计算	A6-1-56～A6-1-111
030601005	物位检测仪表	1. 名称 2. 型号 3. 规格 4. 辅助容器类型、规格 5. 挠性管材质、规格 6. 调试要求 7. 脱脂要求 8. 配合单体试运转 9. 放射性仪表保护	台		A6-1-112～A6-1-152
注：1. 温度仪表规格需描述接触式温度计的尾长； 2. 物位检测仪表规格需描述仪表长度或测量范围。					

F.2　显示及调节控制仪表

显示及调节控制仪表工程量清单项目设置、项目特征描述的内容、计量单位及工程量计算规则，应按表 F.2 的规定执行。

表 F.2　显示及调节控制仪表（编码：030602）

项目编码	项目名称	项目特征	计量单位	工程量计算规则	定额编号
030602001	显示仪表	1. 名称 2. 型号 3. 规格 4. 功能 5. 安装部位 6. 调试要求 7. 配合单机试运转	台	按设计图示数量计算	A6-1-153～A6-1-174
030602002	调节仪表	1. 名称 2. 型号 3. 规格 4. 功能 5. 配线材质、规格 6. 调试要求 7. 配合单价试运转			A6-2-14～A6-2-17 A6-2-37～A6-2-44

续表

项目编码	项目名称	项目特征	计量单位	工程量计算规则	定额编号
030602003	基地式调节仪表	1. 名称 2. 型号 3. 规格 4. 功能 5. 安装部位 6. 挠性管材质、规格 7. 调试要求	台	按设计图示数量计算	A6-2-69～A6-2-75
030602004	辅助单元仪表	1. 名称 2. 型号 3. 规格 4. 功能 5. 配线材质、规格 6. 调试要求			A6-2-26～A6-2-30 A6-2-51～A6-2-68
WB030602001	转换单元仪表	1. 名称 2. 型号 3. 规格 4. 功能 5. 配线材质、规格 6. 调试要求	台	按设计图示数量计算	A6-2-18～A6-2-25
WB030602002	气动计算、给定仪表	1. 名称 2. 型号 3. 规格 4. 功能 5. 接头材质、规格 6. 调试要求	台	按设计图示数量计算	A6-2-45～A6-2-50

F.3 执行仪表

执行仪表工程量清单项目设置、项目特征描述的内容、计量单位及工程量计算规则，应按表 F.3 的规定执行。

表 F.3 执行仪表 （项目编码：030603）

项目编码	项目名称	项目特征	计量单位	工程量计算规则	定额编号
030603001	执行机构	1. 名称 2. 型号 3. 功能 4. 规格 5. 调试要求 6. 配合单机试运转	台	按设计图示数量计算	A6-2-76～A6-2-86

续表

项目编码	项目名称	项目特征	计量单位	工程量计算规则	定额编号
030603002	调节阀	1. 名称 2. 型号 3. 功能 4. 规格 5. 调试要求 6. 配合单机试运转	台	按设计图示数量计算	A6-2-87～A6-2-97
030603003	自力式调节阀	1. 名称 2. 型号 3. 功能 4. 规格 5. 调试要求			A6-2-98～A6-2-101
030603004	执行仪表附件	1. 名称 2. 型号 3. 规格 4. 调试要求	台（只）		A6-2-102～A6-2-113
WB030603001	气源缓冲罐	1. 名称 2. 型号 3. 规格 4. 功能 5. 调试要求 6. 其他	套	按设计图示数量计算	A6-2-114～A6-2-118
注：开关阀、电磁阀、伺服放大器，按调节阀编码列项。					

F.4　机械量仪表

机械量仪表工程量清单项目设置、项目特征描述的内容、计量单位及工程量计算规则，应按表 F.4 的规定执行。

表 F.4　机械量仪表 （项目编码：030604）

项目编码	项目名称	项目特征	计量单位	工程量计算规则	定额编号
030604001	测厚测宽及金属检测装置	1. 名称 2. 型号 3. 功能 4. 规格 5. 调试要求 6. 整机系统试验 7. 其他	套	按设计图示数量计算	A6-3-1～A6-3-6

续表

项目编码	项目名称	项目特征	计量单位	工程量计算规则	定额编号
030604002	旋转机械检测仪表	1. 名称 2. 型号 3. 功能 4. 规格 5. 调试要求 6. 配合试运转 7. 其他	套	按设计图示数量计算	A6-3-7～A6-3-12
030604003	称重装置、皮带跑偏监测装置、电子秤标定	1. 名称 2. 型号 3. 功能 4. 规格 5. 调试要求 6. 整体系统试验 7. 有关参数调整 8. 其他	台（次/套）		A6-3-13～A6-3-36

F.5　过程分析和物性检测仪表

过程分析和物性检测仪表工程量清单项目设置、项目特征描述的内容、计量单位及工程量计算规则，应按表 F.5 的规定执行。

表 F.5　过程分析和物性检测仪表（项目编码：030605）

项目编码	项目名称	项目特征	计量单位	工程量计算规则	定额编号
030605001	过程分析仪表	1. 名称 2. 型号 3. 功能 4. 规格 5. 辅助容器类型 6. 水封材质 7. 排污漏斗材质 8. 挠性管材质、规格 9. 调试要求	套	按设计图示数量计算	A6-4-1～A6-4-19
030605002	物性检测仪表	1. 名称 2. 型号 3. 功能 4. 规格 5. 安装位置 6. 挠性管材质、规格 7. 调试要求			A6-4-46～A6-4-52

续表

项目编码	项目名称	项目特征	计量单位	工程量计算规则	定额编号
030605003	特殊预处理装置	1. 名称 2. 型号 3. 规格 4. 功能要求 5. 测量点数量 6. 调试要求	套		A6-4-53～A6-4-59
030605004	分析柜、室	1. 名称 2. 型号 3. 规格 4. 取样冷却器材质、规格 5. 调试要求	台	按设计图示数量计算	A6-4-60～A6-4-63
030605005	气象环保监测仪表	1. 名称 2. 型号 3. 规格 4. 功能 5. 挠性管材质、规格 6. 调试要求 7. 检测	套		A6-4-64～A6-4-71
WB030605001	水处理在线监测仪表	1. 名称 2. 型号 3. 规格 4. 功能 5. 挠性管材质、规格 6. 调试要求 7. 检测		按设计图示数量计算	A6-4-20～A6-4-45

F.6　仪表回路模拟试验

仪表回路模拟试验工程量清单项目设置、项目特征描述的内容、计量单位及工程量计算规则，应按表 F.6 的规定执行。

表 F.6　仪表回路模拟试验（编码：030606）

项目编码	项目名称	项目特征	计量单位	工程量计算规则	定额编号
030606001	检测回路模拟试验	1. 名称 2. 型号 3. 规格 4. 点数量 5. 调试要求	套	按设计图示数量计算	A6-2-119～A6-2-127
030606002	调节回路模拟试验	1. 名称 2. 型号 3. 规格 4. 回路复杂程度 5. 调试要求			A6-2-128～A6-2-132

F.7　安全监测及报警装置

安全监测及报警装置工程量清单项目设置、项目特征描述的内容、计量单位及工程量计算规则，应按表 F.7 的规定执行。

表 F.7　安全监测及报警装置（编码：030607）

项目编码	项目名称	项目特征	计量单位	工程量计算规则	定额编号
030607001	安全监测装置	1. 名称 2. 型号 3. 规格 4. 功能检测 5. 挠性管材质、规格 6. 调试要求	套	按设计图示数量计算	A6-5-1～A6-5-10
030607002	远动装置	1. 名称 2. 型号 3. 规格 4. 功能 5. 点数量 6. 调试要求 7. 在线回路试验	套	按设计图示数量计算	A6-5-56～A6-5-71
030607003	顺序控制装置	1. 名称 2. 型号 3. 功能 4. 规格 5. 点数量 6. 调试要求	套	按设计图示数量计算	A6-5-72～A6-5-78
030607004	信号报警装置	1. 名称 2. 型号 3. 规格 4. 点数或回路数 5. 调试要求	套	按设计图示数量计算	A6-5-79～A6-5-95
030607005	信号报警装置柜、箱及组件、元件	1. 名称 2. 型号 3. 规格 4. 功能 5. 调试要求 6. 其他	台（个）	按设计图示数量计算	A6-5-96～A6-5-101
030607006	数据采集及巡回监测报警装置	1. 名称 2. 型号 3. 规格 4. 功能 5. 点数量 6. 调试要求	套	按设计图示数量计算	A6-5-102～A6-5-109
WB030607001	工业电视和监控系统	1. 名称 2. 型号 3. 规格 4. 功能 5. 安装位置 6. 挠性管材质、规格 7. 调试要求	台（套、m^2）	按设计图示数量计算	A6-5-11～A6-5-55

F.8 工业计算机安装与调试

工业计算机安装与调试工程量清单项目设置、项目特征描述的内容、计量单位及工程量计算规则，应按表 F.8 的规定执行。

表 F.8 工业计算机安装与调试（编码 030608）

<table>
<tr><th>项目编码</th><th>项目名称</th><th>项目特征</th><th>计量单位</th><th>工程量计算规则</th><th>定额编号</th></tr>
<tr><td>030608001</td><td>工业计算机柜、台设备</td><td>1. 名称
2. 型号
3. 规格
4. 功能
5. 基础形式
6. 设备吊装</td><td>台（M）</td><td rowspan="3">按设计图示数量计算</td><td>A6-6-1～A6-6-6</td></tr>
<tr><td>030608002</td><td>工业计算机外部设备</td><td>1. 名称
2. 型号
3. 规格
4. 功能
5. 其他</td><td>台</td><td>A6-6-7～A6-6-16</td></tr>
<tr><td>030608003</td><td>组件、卡件（网络设备）</td><td>1. 名称
2. 型号
3. 规格
4. 功能
5. 其他</td><td>个</td><td>A6-6-17～A6-6-28</td></tr>
<tr><td>030608006</td><td>网络系统及设备联调</td><td>1. 名称
2. 型号
3. 规格
4. 功能
5. 点数
6. 调试要求
7. 其他</td><td>台</td><td rowspan="2">按设计图示数量计算</td><td>A6-6-126～A6-6-135</td></tr>
<tr><td>030608009</td><td>现场总线调试</td><td>1. 名称
2. 型号
3. 规格
4. 功能
5. 调试要求
6. 其他</td><td>台</td><td>A6-6-51～A6-6-60</td></tr>
<tr><td>WB030608001</td><td>经营管理计算机</td><td>1. 名称
2. 型号
3. 规格
4. 规模
5. 用途
6. 其他</td><td>套</td><td>按设计图示数量计算</td><td>A6-6-29～A6-6-35</td></tr>
</table>

续表

项目编码	项目名称	项目特征	计量单位	工程量计算规则	定额编号
WB030608002	监控计算机	1.名称 2.型号 3.规格 4.规模 5.用途 6.其他	套	按设计图示数量计算	A6-6-36～A6-6-44
WB030608003	固定和可编程仪表	1.名称 2.型号 3.规格 4.功能 5.调试要求 6.其他	台		A6-6-45～A6-6-50
WB030608004	计算机系统硬件	1.名称 2.型号 3.规格 4.功能 5.调试要求 6.其他	套	按设计图示数量计算	A6-6-61～A6-6-73
WB030608005	远程监控和数据采集系统	1.名称 2.型号 3.规格 4.功能 5.点数 6.调试要求 7.其他	套		A6-6-74～A6-6-82
WB030608006	DCS 系统	1.名称 2.型号 3.规格 4.功能 5.点数 6.调试要求 7.其他	套		A6-6-83～A6-6-99
WB030608007	工控计算机 IPC 系统	1.名称 2.型号 3.规格 4.功能 5.点数 6.调试要求 7.其他	套		A6-6-100～A6-6-106
WB030608008	PLC 可编程逻辑控制器	1.名称 2.型号 3.规格 4.功能 5.点数 6.调试要求 7.其他	套		A6-6-107～A6-6-117

续表

项目编码	项目名称	项目特征	计量单位	工程量计算规则	定额编号
WB030608009	仪表安全系统（SIS）	1.名称 2.型号 3.规格 4.功能 5.点数 6.调试要求 7.其他	套	按设计图示数量计算	A6-6-118～A6-6-125
WB030608010	基础自动化与其他系统接口	1.名称 2.型号 3.规格 4.功能 5.点数 6.调试要求 7.其他	套		A6-6-136～A6-6-144
WB030608011	在线回路试验	1.名称 2.型号 3.规格 4.功能 5.点数 6.调试要求 7.其他	套		A6-6-145～A6-6-150

F.9 仪表管路敷设

仪表管路敷设工程量清单项目设置、项目特征描述的内容、计量单位及工程量计算规则，应按表F.9的规定执行。

表F.9 仪表管路敷设（编码：030609）

项目编码	项目名称	项目特征	计量单位	工程量计算规则	定额编号
030609001	钢管	1.名称 2.型号 3.规格 4.材质 5.连接方式 6.伴热要求 7.脱脂要求 8.工艺要求 9.强度、气密性、泄漏等试验	m	按设计图示管路中心线以长度计算	A6-7-1～A6-7-10

续表

项目编码	项目名称	项目特征	计量单位	工程量计算规则	定额编号
030609002	高压管	1. 名称 2. 型号 3. 规格 4. 材质 5. 连接方式 6. 伴热要求 7. 脱脂要求 8. 管口处理 9. 强度、气密性、泄漏等试验	m	按设计图示管路中心线以长度计算	A6-7-11～A6-7-19
030609003	不锈钢管				
030609004	有色金属及非金属钢管	1. 名称 2. 型号 3. 规格 4. 材质 5. 连接方式 6. 工艺要求 7. 通气、气密性等试验			A6-7-20～A6-7-29
030609005	管缆	1. 名称 2. 规格 3. 材质 4. 芯数 5. 试验要求		按设计图示尺寸以长度计算	A6-7-30～A6-7-43
WB030609001	仪表设备及管路伴热	1. 名称 2. 型号 3. 规格 4. 材质/器件 5. 工艺要求 6. 试验要求	m(个、根)	按设计图示尺寸以长度和图示数量计算	A6-7-44～A6-7-59
WB030609002	仪表设备及管路脱脂	1. 名称 2. 型号 3. 规格 4. 材质/器件 5. 脱脂要求 6. 其他工作内容	m(台、套、块、个)		A6-7-60～A6-7-65

注：仪表导压管敷设工程量计算不扣除阀门、管件所占长度

F.10 仪表盘、箱、柜及附件安装

仪表盘、箱、柜及附件安装工程量清单项目设置、项目特征描述的内容、计量单位及工程量计算规则，应按表 F.10 的规定执行。

表 F.10　仪表盘、箱、柜及附件安装（编码：030610）

项目编码	项目名称	项目特征	计量单位	工程量计算规则	定额编号
030610001	盘、箱、柜	1. 名称 2. 型号 3. 规格 4. 端子板校接线 5. 支架形式、材质 6. 其他工艺要求	台	按设计图示数量计算	A6-9-1～A6-9-22
030610002	盘柜附件、元件	1. 名称 2. 型号 3. 规格 4. 试验要求 5. 工艺要求	个（台、米）		A6-9-23～A6-9-34
WB030610001	盘柜校接线	1. 名称 2. 型号 3. 规格 4. 工艺要求 5. 盘柜内配线	个（头）	按设计图示数量计算	A6-9-35～A6-9-40

F.11　仪表附件安装

仪表附件安装工程量清单项目设置、项目特征描述的内容、计量单位及工程量计算规则，应按表 F.11 的规定执行。

表 F.11　仪表附件安装（编码：030611）

项目编码	项目名称	项目特征	计量单位	工程量计算规则	定额编号
030611001	仪表阀门	1. 名称 2. 型号 3. 规格 4. 材质 5. 连接方式 6. 研磨要求 7. 脱脂要求	个	按设计图示数量计算	A6-10-1～A6-10-17
030611002	仪表附件	1. 名称 2. 型号 3. 规格 4. 材质 5. 安装部位 6. 工艺要求 7. 其他	个、套	按设计图示数量计算	A6-10-28～A6-10-56

续表

项目编码	项目名称	项目特征	计量单位	工程量计算规则	定额编号
WB030611001	仪表支吊架	1. 名称 2. 型号 3. 规格 4. 材质 5. 安装方式	对、个、m、根	按设计图示数量计算，如果现场制作非标吊架，可以执行有关电气定额	A6-10-18～A6-10-27
注：本节仪表附件是具有相对独立性的仪表附件（如：压缩空气净化分配器等）					

F.12　自动化线路、通信

自动化线路、通信工程量清单项目设置、项目特征描述的内容、计量单位及工程量计算规则，应按表 F.12 的规定执行。

表 F.12　自动化线路、通信安装（编码：030612）

项目编码	项目名称	项目特征	计量单位	工程量计算规则	定额编号
WB030612001	自动化线路敷设	1. 名称 2. 型号 3. 规格 4. 芯数 5. 敷设方式 6. 性能及其他测试、试验等	1. m 2. 根	1. 以米计量，按设计图示尺寸以长度计算（含预留长度及附加长度） 2. 按设计图示尺寸以根计算	A6-8-1～A6-8-28
WB030612002	光缆敷设	1. 名称 2. 型号 3. 规格 4. 芯数 5. 敷设方式 6. 性能及其他测试、试验等	m	按设计图示尺寸以长度计算（含预留长度及附加长度）	A6-8-43～A6-8-47
WB030612003	同轴电缆敷设	1. 名称 2. 型号 3. 规格 4. 芯数 5. 敷设方式	m	按设计图示尺寸以长度计算（含预留长度及附加长度）	A6-8-53～A6-8-55
WB030612004	自动化线缆头制作安装	1. 名称 2. 型号 3. 规格 4. 芯数 5. 工艺要求	个	按设计图示数量计算	A6-8-29～A6-8-42

续表

项目编码	项目名称	项目特征	计量单位	工程量计算规则	定额编号
WB030612005	光缆接头制作安装	1. 名称 2. 型号 3. 规格 4. 芯数 5. 工艺要求 6. 性能测试 7. 其他	个（台）	按设计图示数量计算	A6-8-48～A6-8-52
WB030612006	同轴电缆头制作安装	1. 名称 2. 型号 3. 规格 4. 芯数 5. 性能测试	个	按设计图示数量计算	A6-8-56～A6-8-57
WB030612007	通信设备安装	1. 名称 2. 型号 3. 规格 4. 安装方式 5. 性能测试 6. 工程量清单规范要求	个（台）	按设计图示数量计算	A6-8-58～A6-8-95
WB030612008	金属穿线盒安装	1. 名称 2. 型号 3. 规格	个	按设计图示数量计算	A6-8-96～A6-8-97
WB030612009	金属挠性管安装	1. 名称 2. 型号 3. 规格	根	按设计图示数量计算	A6-8-98～A6-8-99
WB030612010	电缆密封接头	1. 名称 2. 型号 3. 规格	个	按设计图示数量计算	A6-8-100～A6-8-101
WB030612011	孔洞封堵	1. 名称 2. 类型	kg	按设计图示数量计算	A6-8-102～A6-8-103
WB030612012	铜包钢焊接	1. 名称	点	按设计图示数量计算	A6-8-104

F.13 相关问题及说明

F. 13. 1 自动化控制仪表安装工程适用于自动化仪表工程的过程检测仪表，显示及调节控制仪表，执行仪表，机械量仪表，过程分析和物性检测仪表，仪表回路模拟实验，安全监测及报警装置，工业计算机安装与调试，仪表管路敷设，仪表盘、箱、柜及附件安装，仪表附件安装。

F. 13. 2 土石方工程，应按现行国家标准《房屋建筑与装饰工程工程量计算规范》GB50854 相关项目编码列项。

F. 13. 3 自控仪表工程中的控制电缆敷设、电气配管配线、桥架安装、接地系统安装，应按本规范附录 D 电气设备安装工程相关项目编码列项。

F.13.4　火灾报警及消防控制等，应按本规范附录J消防工程相关编码列项。

F.13.5　设备的除锈、刷漆（补刷漆除外）、保温及保护层安装，应按本规范附录M刷油、防腐蚀、绝热工程相关项目编码列项。

F.13.6　管路敷设的焊口热处理及无损探伤按本规范附录H工业管道工程相关项目编码列项。

F.13.7　供电系统安装，应按本规范附录D电气设备安装工程相关项目编码列项。

F.13.8　项目特征中调试要求指；单体调试、功能测试等。

附录 G　通风空调工程

G.1　通风、空调设备及部件制作安装

通风、空调设备及部件制作安装工程量清单项目、设置项目特征描述得内容、计量单位及工程量计算规则，应按表 G.1 的规定执行。

表 G.1　通风、空调设备及部件制作安装（编码：030701）

<table>
<tr><th>项目编码</th><th>项目名称</th><th>项目特征</th><th>计量单位</th><th>工程量计算规则</th><th>定额编号</th></tr>
<tr><td>030701001</td><td>空气加热器（冷却器）</td><td rowspan="2">1. 名称
2. 型号
3. 规格
4. 质量</td><td rowspan="4">台</td><td rowspan="5">按设计图示数量计算</td><td>A7-1-1～A7-1-3</td></tr>
<tr><td>030701002</td><td>除尘设备</td><td>A7-1-4～A7-1-7</td></tr>
<tr><td>030701003</td><td>空调器</td><td>1. 名称
2. 型号
3. 规格
4. 质量
5. 安装形式</td><td>A7-1-8～A7-1-24，A7-1-34～A7-1-38</td></tr>
<tr><td>030701004</td><td>风机盘管</td><td>1. 名称
2. 型号
3. 规格
4. 安装形式</td><td>A7-1-30～A7-1-33</td></tr>
<tr><td>030701006</td><td>密闭门</td><td rowspan="2">1. 名称
2. 型号
3. 规格
4. 形式
5. 材质</td><td>个</td><td>A7-1-39～A7-1-42</td></tr>
<tr><td>030701007</td><td>挡水板</td><td>m^2</td><td>按设计图示数量计算面积</td><td>A7-1-43～A7-1-44</td></tr>
<tr><td>030701008</td><td>滤水器、溢水盘</td><td rowspan="2">1. 名称
2. 型号
3. 规格
4. 质量
5. 材质</td><td rowspan="2">kg</td><td rowspan="2">按设计图示数量计算总质量</td><td>A7-1-45～A7-1-46</td></tr>
<tr><td>030701009</td><td>金属壳体</td><td>A7-1-47～A7-1-48</td></tr>
<tr><td>030701010</td><td>过滤器</td><td>1. 名称
2. 型号
3. 规格
4. 类型</td><td>台</td><td>按设计图示数量计算</td><td>A7-1-49～A7-1-50</td></tr>
</table>

续表

项目编码	项目名称	项目特征	计量单位	工程量计算规则	定额编号
030701011	净化工作台安装	1. 名称 2. 型号 3. 规格 4. 类型			A7-1-56
030701012	风淋室安装	1. 名称 2. 型号 3. 规格 4. 类型、质量	台		A7-1-52～A7-1-55
WB030701001	多联体空调器室外机	1. 名称 2. 型号 3. 规格 4. 制冷量		按设计图示数量计算	A7-1-25～A7-1-29
WB030701002	变风量末端装置	1. 名称 2. 型号 3. 规格 4. 质量 5. 材质	kg		A7-1-37
WB030701003	过滤器框架制作安装	1. 名称 2. 型号 3. 规格 4. 质量 5. 材质	kg	按设计图示数量计算总质量	A7-1-51
WB030701004	通风机安装	1. 名称 2. 型号 3. 规格 4. 风量 5. 安装形式	台	按设计图示数量计算	A7-1-57～A7-1-85
WB030701005	设备支架制作安装	1. 名称 2. 规格 3. 质量 4. 材质	kg	按设计图示数量计算	A7-1-86～A7-1-87
注：通风空调设备安装的地脚螺栓按设备自带考虑。					

G.2 通风管道制作安装

通风管道制作安装工程量清单项目设置、项目特征描述得内容、计量单位及工程量计算规则，应按表 G.2 的规定执行。

表 G.2 通风管道制作安装(编码：030702)

项目编码	项目名称	项目特征	计量单位	工程量计算规则	定额编号
030702001	碳钢通风管道	1. 名称 2. 材质、厚度 3. 规格、形状 4. 管件、法兰等附件等设计要求 5. 接口形式	m²	按设计图示内径尺寸以展开面积计算	A7-2-1～A7-2-34
030702002	净化通风管道				A7-2-35～A7-2-39
030702003	不锈钢板通风管道				A7-2-40～A7-2-59
030702004	铝板通风管道				A7-2-60～A7-2-89
030702005	塑料通风管道				A7-2-90～A7-2-99
030702006	玻璃钢通风管道	1. 名称 2. 材质 3. 规格 4. 形状		按设计图示外径尺寸以展开面积计算	A7-2-100～A7-2-107
030702007	复合型风管	1. 名称 2. 材质、厚度 3. 规格 4. 形状 5. 连接形式			A7-2-108～A7-2-130
030702008	柔性软风管	1. 名称 2. 材质 3. 规格 4. 形状 5. 连接形式	m	按设计图示中心线以长度计算	A7-2-131～A7-2-140
030702009	弯头导流叶片	1. 名称 2. 材质 3. 规格 4. 形状	m²	按设计图示以展开面积计算	A7-2-141
030702010	风管检查孔	1. 名称 2. 材质 3. 规格	kg	按设计图示数量计算总质量	A7-2-143
030702011	温度、风量测定孔	1. 名称 2. 规格 3. 设计要求	个	按设计图示数量计算	A7-2-144
WB030702001	软管接口	1. 名称 2. 材质 3. 规格	m²	按设计图示以展开面积计算	A7-2-142

注：1. 风管展开面积，不扣除检查孔、测定孔、送风口、吸风口等所占面积；风管长度一律以设计图示中心线长度为准（主管与支管以其中心线交点划分），包括弯头、三通、变径管、天圆地方等管件的长度，但不包括部件所占的长度。风管展开面积不包括风管、管口重叠部分的面积。风管渐缩管、圆形风管按平均直径；矩形风管按平均周长。
2. 穿墙套管按展开面积计算，计入通风管道工程量中。
3. 通风管道的法兰垫料或封口材料，按图纸要求应在项目特征中描述。
4. 净化通风管道的空气洁净度按 100000 级标准编制，净化通风管道使用的型钢材料如要求镀锌时，工作内容应注明支架镀锌。
5. 弯头导流叶片的数量，按设计图纸或规范要求计算。
6. 风管检查孔、温度测定孔、风量测定孔数量，按设计图纸或规范要求计算。

G.3 通风管道部件制作安装

通风管道部件制作安装工程量清单项目设置、项目特征描述得内容、计量单位及工程量计算规则，应按表 G.3 的规定执行。

表 G.3 通风管道部件制作安装（编号：030703）

项目编码	项目名称	项目特征	计量单位	工程量计算规则	定额编号
030703001	碳钢阀门安装	1. 名称 2. 型号 3. 规格 4. 类型	个	分别按图示规格尺寸（直径或周长），以“个”为计量单位计算.	A7-3-1～ A7-3-28
030703002	柔性软风管阀门			按设计图示数量计算	A7-3-29～ A7-3-33
030703007	碳钢风口、散流器、百叶窗	1. 名称 2. 型号 3. 规格 4. 类型、形式	个		A7-3-34～ A7-3-102
030703008	不锈钢风口	1. 名称 2. 型号 3. 规格 4. 质量	kg		A7-3-103
030703009	塑料风口、散流器	1. 名称 2. 型号 3. 规格 4. 质量	kg		A7-3-107～ A7-3-115
030703011	铝制孔板风口	1. 名称 2. 型号 3. 规格	个		A7-3-116～ A7-3-123
030703012	碳钢风帽	1. 名称 2. 型号 3. 规格 4. 质量 5. 类型、形式	kg	按设计图示数量计算	A7-3-124～ A7-3-135
030703014	塑料风帽	1. 名称 2. 型号 3. 规格 4. 质量 5. 类型、形式	kg		A7-3-137～ A7-3-143
030703015	铝板风帽	1. 名称 2. 型号 3. 规格 4. 质量 5. 类型、形式	kg		A7-3-146～ A7-3-150
030703016	玻璃钢风帽				A7-3-151～ A7-3-156
030703017	碳钢罩类				A7-3-157～ A7-3-172
030703018	塑料罩类				A7-3-173～ A7-3-180

续表

项目编码	项目名称	项目特征	计量单位	工程量计算规则	定额编号
030703019	柔性接口	1. 名称 2. 型号 3. 规格 4. 连接形式	m^2	按设计图示尺寸计算面积	A7-3-144～ A7-3-145
030703020	消声器安装	1. 名称 2. 型号 3. 规格 4. 类型	节、个	按设计图示数量计算	A7-3-181～ A7-3-203
030703021	静压箱	1. 名称 2. 型号 3. 规格	个	按设计图示数量计算	A7-3-204～ A7-3-206
030703022	人防排气阀门	1. 名称 2. 型号 3. 规格 4. 类型	个	按设计图示数量计算	A7-3-208～ A7-3-213
030703023	人防手动密闭阀		个		A7-3-214～ A7-3-220
WB030703001	不锈钢法兰、吊托架制作安装	1. 名称 2. 型号 3. 规格 4. 质量 5. 类型、形式	kg	按设计图示数量计算	A7-3-104～ A7-3-106
WB030703002	风帽泛水	1. 名称 2. 型号 3. 规格 4. 材质	m^2		A7-3-136
WB030703003	消声静压箱制作安装	1. 名称 2. 规格 3. 材质	m^2	按设计图示展开面积计算	A7-3-207
WB030703004	人防通风机安装	1. 名称 2. 型号 3. 规格 4. 类型	台	按设计图示数量计算	A7-3-221～ A7-3-222
WB030703005	人防 LWP 型滤尘器安装	1. 名称 2. 型号 3. 规格 4. 类型	m^2	按设计图示尺寸计算面积	A7-3-223～ A7-3-226
WB030703006	人防毒气报警器安装	1. 名称 2. 型号 3. 规格 4. 类型	台	按设计图示数量计算	A7-3-227～ A7-3-228
WB030703007	人防过滤吸收器、预滤器、除湿器安装	1. 名称 2. 型号 3. 规格 4. 类型	台	按设计图示数量计算	A7-3-229～ A7-3-234

续表

项目编码	项目名称	项目特征	计量单位	工程量计算规则	定额编号
WB030703008	密闭穿墙管制作、安装	1.名称 2.规格	个	按设计图示数量计算	A7-3-235～ A7-3-241
WB030703009	密闭穿墙管填塞	1.名称 2.规格	个	按设计图示数量计算	A7-3-242～ A7-3-244
WB030703010	测压装置安装	1.名称	套	按设计图示数量计算	A7-3-245
WB030703011	换气堵头安装	1.名称 2.型号	个	按设计图示数量计算	A7-3-246
WB030703012	波导窗安装	1.名称	个	按设计图示数量计算	A7-3-247

注：1.碳钢阀门包括：空气加热上通阀、空气加热旁通阀、圆形瓣式启动阀、风管蝶阀、风管止回阀、密闭式斜插板阀、矩形风管三通调节阀、对开多叶调节阀、风管防火阀、各行风罩调节阀等。

2.塑料阀门包括：塑料蝶阀、塑料插板阀、各型风罩调节阀。

3.碳钢风口、散流器、百叶窗包括：百叶风口、矩形送风口、矩形空气分布器、风管插板封口、旋转吹风口、圆形散流器、方形散流器、流线型散流器、送吸风口、活动箅式风口、网式风口、百叶窗等。

4.碳钢罩类包括：皮带防护罩、电动机防雨罩、侧吸罩、焊接台排气罩、整体分组式槽边侧吸罩、吹吸式槽边通风罩、条缝槽边抽风罩、泥心烘炉排气罩、升降式回转排气罩、上下吸式圆形回转罩、升降式排气罩、手锻炉排气罩。

5.塑料罩类包括：塑料槽边侧吸罩、塑料槽边风罩、塑料条缝槽边抽风罩。

6.柔性接口包括：塑料柔性接口及伸缩节。

7.消声器包括：片式消声器、矿棉管式消声器、卡普隆纤维管式消声器、弧形声流式消声器、阻抗复合式消声器、微穿孔板式消声器、消声弯头。

8.通风部件如图纸要求制作安装或用成品部件只安装不制作，这类特征在项目特征中明确描述。

9.静压箱的面积计算：按设计图示尺寸以展开面积计算，不扣除开口的面积。

G.5 相关问题及说明

G.5.1 通风空调工程适用于通风（空调）设备及部件、通风管道及部件的制作安装工程。

G.5.2 冷冻机组站内的设备安装、通风机安装，应按本规范附录 A 机械设备安装工程相关项目编码列项。

G.5.3 冷冻机组站内的管道安装，应按本规范附录 H 工业管道工程相关项目编码列项。

G.5.4 冷冻机组站外墙皮以外通往通风空调设备的供热、供冷、供水等管道，应按本规范附录K给排水、采暖、燃气工程相关项目编码列项。

G.5.5 设备和支架的除锈、刷漆、保温及保护层安装，应按本规范附录 M 刷油、防腐蚀、绝热工程相关项目编码列项。

附录H　工业管道工程

H.1　低压管道

低压管道工程量清单项目设置、项目特征描述的内容、计量单位及工程量计算规则，应按表H.1的规定执行。

表H.1　低压管道（编码：030801）

项目编码	项目名称	项目特征	计量单位	工程量计算规则	定额编号
030801001	低压碳钢管	1.材质 2.规格 3.连接形式、焊接方法 4.压力试验、吹扫与清洗设计要求 5.脱脂设计要求	m	按设计图示管道中心线以长度计算	A8-1-1～A8-1-8 A8-1-33～A8-1-76
030801002	低压碳钢伴热管	1.材质 2.规格 3.连接形式 4.安装位置 5.压力试验、吹扫与清洗设计要求	m	按设计图示管道中心线以长度计算	A8-1-9～A8-1-20
030801003	衬里钢管预制安装	1.材质 2.规格 3.安装方式（预制安装或成品安装） 4.连接形式 5.压力试验、吹扫与清洗设计要求	m	按设计图示管道中心线以长度计算	A8-1-294～A8-1-308
030801004	低压不锈钢伴热管	1.材质 2.规格 3.连接形式 4.安装位置 5.压力试验、吹扫与清洗设计要求	m	按设计图示管道中心线以长度计算	A8-1-21～A8-1-32
030801005	低压碳钢板卷管	1.材质 2.规格 3.焊接方法 4.压力试验、吹扫与清洗设计要求 5.脱脂设计要求	m	按设计图示管道中心线以长度计算	A8-1-77～A8-1-120 A8-1-365～A8-1-371 A8-1-453～A8-1-464

续表

项目编码	项目名称	项目特征	计量单位	工程量计算规则	定额编号
030801006	低压不锈钢管	1. 材质 2. 规格 3. 焊接方法 4. 充氩保护方式、部位 5. 压力试验、吹扫与清洗设计要求 6. 脱脂设计要求	m	按设计图示管道中心线以长度计算	A8-1-121～A8-1-169
030801007	低压不锈钢卷管				A8-1-170～A8-1-197
030801008	低压合金钢管	1. 材质 2. 规格 3. 焊接方法 4. 压力试验、吹扫与清洗设计要求 5. 脱脂设计要求			A8-1-198～A8-1-242
030801012	低压铝及铝合金管	1. 材质 2. 规格 3. 焊接方法 4. 充氩保护方式、部位 5. 压力试验、吹扫与清洗设计要求 6. 脱脂设计要求	m	按设计图示管道中心线以长度计算	A8-1-243～A8-1-259
030801013	低压铝及铝合金板卷管				A8-1-260～A8-1-272
030801014	低压铜及铜合金管	1. 材质 2. 规格 3. 焊接方法 4. 压力试验、吹扫与清洗设计要求 5. 脱脂设计要求			A8-1-273～A8-1-286
030801015	低压铜及铜合金板卷管				A8-1-287～A8-1-293
030801016	低压塑料管	1. 材质 2. 规格 3. 连接形式 4. 压力试验、吹扫设计要求 5. 脱脂设计要求			A8-1-329～A8-1-341
030801017	金属骨架复合管				A8-1-342～A8-1-357
030801018	低压玻璃钢管				A8-1-358～A8-1-364
030801019	低压铸铁管	1. 材质 2. 规格 3. 连接形式 4. 接口材料 5. 压力试验、吹扫设计要求 6. 脱脂设计要求			A8-1-372～A8-1-452
WB030801001	预制保温管安装	1. 材质 2. 规格 3. 连接形式、焊接方法 4. 敷设方式 5. 压力试验、吹扫与清洗设计要求 6. 脱脂设计要	m	按设计图示管道中心线以长度计算	A8-1-465～A8-1-532

续表

项目编码	项目名称	项目特征	计量单位	工程量计算规则	定额编号
WB030801002	低压金属软管	1.材质 2.规格 3.连接线	根	按设计图示以数量计算	A8-1-309～A8-1-328

注：1.管道工程量计算不扣除阀门、管件所占长度；室外埋设管道不扣除附属构筑物（井）所占长度；方形补偿器以其所占长度列入管道安装工程量。

2.衬里钢管预制安装包括直管、管件及法兰的预安装及拆除。

3.压力试验按设计要求描述试验方法，如水压试验、气压试验、泄漏性试验、真空试验等。

4.吹扫与清洗按设计要求描述吹扫与清洗方法和介质，如水冲洗、空气吹扫、蒸汽吹扫、化学清洗、油清洗等。

5.脱脂按设计要求描述脱脂介质种类，如二氯乙烷、三氯乙烯、四氯化碳、动力苯、丙酮或酒精等。

H.2 中压管道

中压管道工程量清单项目设置、项目特征描述的内容、计量单位及工程量计算规则，应按表H.2的规定执行。

表H.2 中压管道（编码：030802）

项目编码	项目名称	项目特征	计量单位	工程量计算规则	定额编号
030802001	中压碳钢管	1.材质 2.规格 3.连接形式、焊接方法 4.压力试验、吹扫与清洗设计要求 5.脱脂设计要求	m	按设计图示管道中心线以长度计算	A8-1-533～A8-1-570
030802002	中压螺旋卷管				A8-1-571～A8-1-589
030802003	中压不锈钢管	1.材质 2.规格 3.焊接方法 4.充氩保护方式、部位 5.压力试验、吹扫与清洗设计要求 6.脱脂设计要求			A8-1-590～A8-1-632
030802004	中压合金钢管	1.材质 2.规格 3.焊接方法 4.充氩保护方式、部位 5.压力试验、吹扫与清洗设计要求 6.脱脂设计要求	m	按设计图示管道中心线以长度计算	A8-1-633～A8-1-677
030802005	中压铜及铜合金板管	1.材质 2.规格 3.焊接方法 4.压力试验、吹扫与清洗设计要求 5.脱脂设计要求			A8-1-678～A8-1-691

续表

项目编码	项目名称	项目特征	计量单位	工程量计算规则	定额编号
WB030802001	中压金属软管	1. 材质 2. 规格 3. 连接方式	根	按设计图示以数量计算	A8-1-692～A8-1-711

注：1. 管道工程量计算不扣除阀门、管件所占长度；方形补偿器以其所占长度列入管道安装工程量。

2. 压力试验按设计要求描述试验方法，如水压试验、气压试验、泄漏性试验、真空试验等。

3. 吹扫与清洗按设计要求描述吹扫与清洗方法和介质，如水冲洗、空气吹扫、蒸汽吹扫、化学清洗、油清洗等。

4. 脱脂按设计要求描述脱脂介质种类，如二氯乙烷、三氯乙烯、四氯化碳、动力苯、丙酮或酒精等。

H.3 高压管道

高压管道工程量清单项目设置、项目特征描述的内容、计量单位及工程量计算规则，应按表H.3的规定执行。

表H.3 高压管道（编码：030803）

项目编码	项目名称	项目特征	计量单位	工程量计算规则	定额编号
030803001	高压碳钢管	1. 材质 2. 规格 3. 连接形式、焊接方法 4. 充氩保护方式、部位 5. 压力试验、吹扫与清洗设计要求 6. 脱脂设计要求	m	按设计图示管道中心线以长度计算	A8-1-712～A8-1-749
030803002	高压合金钢管				A8-1-786～A8-1-823
030803003	高压不锈钢管				A8-1-750～A8-1-785

注：1. 管道工程量计算不扣除阀门、管件所占长度；方形补偿器以其所占长度列入管道安装工程量。

2. 压力试验按设计要求描述试验方法，如水压试验、气压试验、泄漏性试验、真空试验等。

3. 吹扫与清洗按设计要求描述吹扫与清洗方法和介质，如水冲洗、空气吹扫、蒸汽吹扫、化学清洗、油清洗等。

4. 脱脂按设计要求描述脱脂介质种类，如二氯乙烷、三氯乙烯、四氯化碳、动力苯、丙酮或酒精等。

H.4 低压管件

低压管件工程量清单项目设置、项目特征描述的内容、计量单位及工程量计算规则，应按表H.4的规定执行。

表H.4 低压管件（编码：030804）

项目编码	项目名称	项目特征	计量单位	工程量计算规则	定额编号
030804001	低压碳钢管件	1. 材质 2. 规格 3. 连接方式 4. 补强圈材质、规格	个	按设计图示数量计算	A8-2-1～A8-2-52
030804002	低压碳钢板卷管件				A8-2-53～A8-2-96

续表

项目编码	项目名称	项目特征	计量单位	工程量计算规则	定额编号
030804003	低压不锈钢管件	1. 材质 2. 规格 3. 连接方式 4. 补强圈材质、规格 5. 充氩保护方式、部位	个	按设计图示数量计算	A8-2-97～A8-2-145
030804004	低压不锈钢板卷管件				A8-2-146～A8-2-173
030804005	低压合金钢管件				A8-2-174～A8-2-218
030804006	低压加热外套碳钢管件（两半）	1. 材质 2. 规格 3. 连接形式			A8-2-270～A8-2-285
030804007	低压加热外套不锈钢管件（两半）				A8-2-286～A8-2-300
030804008	低压铝及铝合金管件	1. 材质 2. 规格 3. 焊接方法 4. 补强圈材质、规格			A8-2-219～A8-2-235
030804009	低压铝及铝合金板卷管件				A8-2-236～A8-2-248
030804010	低压铜及铜合金管件	1. 材质 2. 规格 3. 焊接方法			A8-2-249～A8-2-269
030804014	低压塑料管件	1. 材质 2. 规格 3. 连接形式 4. 接口材料			A8-2-301～A8-2-313
030804015	金属骨架复合管件				A8-2-314～A8-2-329
030804016	低压玻璃钢管件				A8-2-330～A8-2-336
030804017	低压铸铁管件				A8-2-337～A8-2-418
WB030804001	预制保温管件安装	1. 材质 2. 规格 3. 连接形式 4. 接口材料			A8-2-419～A8-2-500
WB030804002	其他接口管件安装				A8-2-501～A8-2-527

注：1. 管件包括弯头、三通、四通、异径管、管接头、管帽、方形补偿器弯头、管道上仪表一次部件、仪表温度计扩大管制作安装等。

2. 管件压力试验、吹扫、清洗、脱脂均包括在管道安装中。

3. 在主管上挖眼接管的三通和摔制异径管，均以主管径按管件安装工程量计算，不另计制作费和主材费；挖眼接管的三通支线管径小于主管径 1/2 时，不计算管件安装工程量；在主管上挖眼接管的焊接接头、凸台等配件，按配件管径计算管件工程量。

4. 三通、四通、异径管均按大管径计算。

5. 管件用法兰连接时执行法兰安装项目，管件本身不再计算安装。

6. 半加热外套管摔口后焊接在内套管上，每处焊口按一个管件计算；外套碳钢管如焊接不锈钢内套管上时，焊口间需加不锈钢短管衬垫，每处焊口按两个管件计算。

H.5 中压管件

中压管件工程量清单项目设置、项目特征描述的内容、计量单位及工程量计算规则，应按表 H.5 的规定执行。

表 H.5 中压管件（编码：030805）

<table>
<tr><th>项目编码</th><th>项目名称</th><th>项目特征</th><th>计量单位</th><th>工程量计算规则</th><th>定额编号</th></tr>
<tr><td>030805001</td><td>中压碳钢管件</td><td rowspan="2">1. 材质
2. 规格
3. 焊接方法
4. 补强圈材质、规格</td><td rowspan="5">个</td><td rowspan="5">按设计图示数量计算</td><td>A8-2-528～A8-2-565</td></tr>
<tr><td>030805002</td><td>中压螺旋卷管件</td><td>A8-2-566～A8-2-584</td></tr>
<tr><td>030805003</td><td>中压不锈钢管件</td><td>1. 材质
2. 规格
3. 焊接方法
4. 充氩保护方式、部位</td><td>A8-2-585～A8-2-627</td></tr>
<tr><td>030805004</td><td>中压合金钢管件</td><td>1. 材质
2. 规格
3. 焊接方法
4. 充氩保护方式、部位
5. 补强圈材质、规格</td><td>A8-2-628～A8-2-677</td></tr>
<tr><td>030805005</td><td>中压铜及铜合金钢管件</td><td>1. 材质
2. 规格
3. 焊接方法</td><td>A8-2-678～A8-2-691</td></tr>
</table>

注：1 管件包括弯头、三通、四通、异径管、管接头、管帽、方形补偿器弯头、管道上仪表一次部件、仪表量度计扩大管制作安装等。

2 管件压力试验、吹扫、清洗、脱脂均包括在管道安装中。

3 在主管上挖眼接管的三通和摔制异径管，均以主管径按管件安装工程量计算，不另计制作费和主材费；挖眼接管的三通支线管径小于主管径 1/2 时，不计算管件安装工程量；在主管上挖眼 接管的焊接接头、凸台等配件，按配件管径计算管件工程量。

4 三通、四通、异径管均按大管径计算。

5 管件用法兰连接时执行法兰安装项目，管件本身不再计算安装。

6 半加热外套管摔口后焊接在内套管上，每处焊口按一个管件计算；外套碳钢管如焊接不锈钢内套管上时，焊口间需加不锈钢短管衬垫，每处焊口按两个管件计算。

H.6 高压管件

高压管件工程量清单项目设置、项目特征描述的内容、计量单位及工程量计算规则，应按表 H.6 的规定执行。

表 H.6　高压管件（编码：030806）

项目编码	项目名称	项目特征	计量单位	工程量计算规则	定额编号
030806001	高压碳钢管件	1. 材质 2. 规格 3. 连接形式、焊接方法 4. 充氩保护方式、部位	个	按设计图示数量计算	A8-2-692～A8-2-729
030806002	高压不锈钢管件				A8-2-730～A8-2-765
030806003	高压合金钢管件				A8-2-766～A8-2-803

注：1. 管件包括弯头、三通、异径管、管接头、管帽、方形补偿器弯头、管道上仪表一次部件、仪表温度计扩大制作安装等。

2. 管件压力试验、吹扫、清洗、脱脂均包括在管道安装中。

3. 三通、四通、异径管均按大管径计算。

4. 管件用法兰连接时执行法兰安装项目，管件本身不再计算安装。

5. 半加热外套管摔口后焊接在内套管上，每处焊口按一个管件计算；外套碳钢管如焊接不锈钢内套管上时，焊口间需加不锈钢短管衬垫，每处焊口按两个管件计算。

H.7 低压阀门

低压阀门工程量清单项目设置、项目特征描述的内容、计量单位及工程量计算规则，应按表 H.7 的规定执行。

表 H.7　低压阀门（编码：030807）

项目编码	项目名称	项目特征	计量单位	工程量计算规则	定额编号
030807001	低压螺纹阀门	1. 名称 2. 材质 3. 型号、规格 4. 连接形式 5. 焊接方法	个	按设计图示数量计算	A8-3-1～A8-3-6
030807002	低压焊接阀门				A8-3-7～A8-3-12
030807003	低压法兰阀门				A8-3-13～A8-3-40
030807004	低压齿轮、液压传动、电动阀门				A8-3-41～A8-3-60
030807005	低压安全阀门				A8-3-78～A8-3-123
030807006	低压调节阀门	1. 名称 2. 材质 3. 型号、规格 4. 连接形式			A8-3-61～A8-3-77

续表

项目编码	项目名称	项目特征	计量单位	工程量计算规则	定额编号
WB030807001	自动双口排气阀	1. 名称 2. 材质 3. 型号、规格	个	按设计图示质量计算	A8-3-124～A8-3-126
注：1. 减压阀直径按高压侧计算。 2. 电动阀门包括电动机安装。 3. 操纵装置安装按规范或设计技术要求计算。					

H.8 中压阀门

中压阀门工程量清单项目设置、项目特征描述的内容、计量单位及工程量计算规则，应按表 H. 8 的规定执行。

表 H.8 中压阀门（编码：030808）

项目编码	项目名称	项目特征	计量单位	工程量计算规则	定额编号
030808001	中压螺纹阀门	1. 名称 2. 材质 3. 型号、规格 4. 连接形式 5. 焊接方法	个	按设计图示数量计算	A8-3-127～A8-3-132
030808002	中压焊接阀门				A8-3-133～A8-3-157
030808003	中压法兰阀门				A8-3-158～A8-3-175
030808004	中压齿轮、液压传动、电动阀门				A8-3-176～A8-3-195
030808005	中压安全阀门	1. 名称 2. 材质 3. 型号、规格 4. 连接形式 5. 焊接方法			A8-3-213～A8-3-252
030808006	中压调节阀门	1. 名称 2. 材质 3. 型号、规格 4. 连接形式			A8-3-196～A8-3-212
注：1. 减压阀直径按高压侧计算。 2. 电动阀门包括电动机安装。 3. 操纵装置安装按规范或设计技术要求计算。					

H.9 高压阀门

高压阀门工程量清单项目设置、项目特征描述的内容、计量单位及工程量计算规则，应按表 H. 9 的规定执行。

表 H.9　高压阀门（编码：030809）

项目编码	项目名称	项目特征	计量单位	工程量计算规则	定额编号
030809001	高压螺纹阀门	1. 名称 2. 材质 3. 型号、规格 4. 连接形式 5. 法兰垫片材质	个	按设计图示数量计算	A8-3-253～A8-3-258
030809002	高压法兰阀门				A8-3-283～A8-3-300
030809003	高压焊接阀门	1. 名称 2. 材质 3. 型号、规格 4. 焊接方法 5. 充氩保护方式、部位			A8-3-259～A8-3-282
WB030809001	高压安全阀门	1. 名称 2. 材质 3. 型号、规格 4. 连接形式 5. 焊接方法			A8-3-301～A8-3-328
注：减压阀直径按高压侧计算。					

H.10　低压法兰

低压法兰工程量清单项目设置、项目特征描述的内容、计量单位及工程量计算规则，应按表 H. 10 的规定执行。

表 H.10　低压法兰（编码：030810）

项目编码	项目名称	项目特征	计量单位	工程量计算规则	定额编号
030810001	低压碳钢螺纹法兰	1. 材质 2. 结构形式 3. 型号、规格	副	按设计图示数量计算	A8-4-1～A8-4-9
030810002	低压碳钢焊接法兰	1. 材质 2. 结构形式 3. 型号、规格 4. 连接形式、焊接方法			A8-4-10～A8-4-75
030810003	低压铜及铜合金法兰				A8-4-260～A8-4-287
030810004	低压不锈钢法兰				A8-4-76～A8-4-179
030810005	低压合金钢法兰				A8-4-180～A8-4-229
030810006	低压铝及铝合金钢法兰				A8-4-230～A8-4-259

注：1. 法兰焊接时，要在项目特征描述法兰的连接形式（平焊法兰、对焊法兰、翻边活动法兰及焊环法兰等），不同连接形式应分别列项。
2. 配法兰的盲板不计安装工程量。
3. 焊接盲板（封头）按管件连接计算工程量。

H.11 中压法兰

中压法兰工程量清单项目设置、项目特征描述的内容、计量单位及工程量计算规则，应按表 H. 11 的规定执行。

表 H.11 中压法兰（编码：030811）

项目编码	项目名称	项目特征	计量单位	工程量计算规则	定额编号
030811002	中压碳钢焊接法兰	1. 材质 2. 结构形式 3. 型号、规格 4. 连接形式、焊接方法	副	按设计图示数量计算	A8-4-288～A8-4-325
030811003	中压铜及铜合金法兰				A8-4-414～A8-4-427
030811004	中压不锈钢法兰				A8-4-326～A8-4-368
030811005	中压合金钢法兰				A8-4-369～A8-4-413

注：1. 法兰焊接时，要在项目特征描述法兰的连接形式（平焊法兰、对焊法兰等），不同连接形式应分别列项。
2. 配法兰的盲板不计安装工程量。
3. 焊接盲板（封头）按管件连接计算工程量。

H.12 高压法兰

高压法兰工程量清单项目设置、项目特征描述的内容、计量单位及工程量计算规则，应按表 H. 12 的规定执行。

表 H.12 高压法兰（编码：030812）

项目编码	项目名称	项目特征	计量单位	工程量计算规则	定额编号
030812001	高压碳钢螺纹法兰	1. 材质 2. 结构形式 3. 型号、规格 4. 法兰垫片材质	副	按设计图示数量计算	A8-4-428～A8-4-439
030812002	高压碳钢焊接法兰	1. 材质 2. 结构形式 3. 型号、规格 4. 焊接方法 5. 法兰垫片材质			A8-4-440～A8-4-477

续表

项目编码	项目名称	项目特征	计量单位	工程量计算规则	定额编号
030812003	高压不锈钢焊接法兰	1. 材质 2. 结构形式 3. 型号、规格 4. 焊接方法 5. 法兰垫片材质	副	按设计图示数量计算	A8-4-478～A8-4-513
030812004	高压合金钢焊接法兰	1. 材质 2. 结构形式 3. 型号、规格 4. 焊接方法 5. 法兰垫片材质			A8-4-514～A8-4-551
注：1. 配法兰的盲板不计安装工程量。 2. 焊接盲板（封头）按管件连接计算工程量。					

H.14 管件制作

管件制作工程量清单项目设置、项目特征描述的内容、计量单位及工程量计算规则，应按表 H.14 的规定执行。

表 H.14 管件制作（编码：030814）

项目编码	项目名称	项目特征	计量单位	工程量计算规则	定额编号
030814004	碳钢管虾体弯制作	1. 材质 2. 规格 3. 焊接方法	个	按设计图示数量计算	A8-7-109～A8-7-116
030814005	中压螺旋卷管虾体弯制作				A8-7-143～A8-7-154
030814006	不锈钢管虾体弯制作				A8-7-117～A8-7-130
030814007	铝及铝合金管虾体弯制作	1. 材质 2. 规格 3. 焊接方法			A8-7-131～A8-7-137
030814008	铜及铜合金管虾体弯制作	1. 材质 2. 规格 3. 焊接方法			A8-7-138～A8-7-142
030814009	管道机械煨弯	1. 压力等级 2. 材质 3. 型号、规格			A8-7-155～A8-7-187
030814010	管道中频煨弯	1. 压力等级 2. 材质 3. 型号、规格			A8-7-188～A8-7-239

续表

项目编码	项目名称	项目特征	计量单位	工程量计算规则	定额编号
WB030814001	碳钢管挖眼三通补强圈制作安装	1. 压力等级 2. 材质 3. 型号、规格 4. 焊接方法	个	按设计图示数量计算	A8-7-240～A8-7-259
WB030814002	碳钢板卷管挖眼三通补强圈制作安装	1. 压力等级 2. 材质 3. 型号、规格 4. 焊接方法			A8-7-260～A8-7-271
WB030814003	不锈钢板卷管挖眼三通补强圈制作、安装	1. 压力等级 2. 材质 3. 型号、规格 4. 焊接方法			A8-7-272～A8-7-283
WB030814004	合金钢管挖眼三通补强圈制作、安装	1. 压力等级 2. 材质 3. 型号、规格 4. 焊接方法			A8-7-284～A8-7-303
WB030814005	铝板卷管挖眼三通补强圈制作、安装	1. 压力等级 2. 材质 3. 型号、规格 4. 焊接方法			A8-7-304～A8-7-308
注：管件包括弯头、三通、异径管，异径管按大头口径计算，三通按主管口径计算。					

H.16 无损探伤与热处理

无损探伤与热处理工程量清单项目设置、项目特征描述的内容、计量单位及工程量计算规则，应按表 H.16 的规定执行。

表 H.16 无损探伤与热处理（编码：030816）

项目编码	项目名称	项目特征	计量单位	工程量计算规则	定额编号
030816001	管材表面超声波探伤	1. 名称 2. 规格	m	以米计量，按管材无损探伤长度计算	A8-6-5～A8-6-8
030816002	管材表面磁粉探伤	1. 名称 2. 规格			A8-6-1～A8-6-4
030816003	焊缝 X 射线探伤	1. 名称 2. 底片规格 3. 管道厚度	张	按规范或设计要求计算	A8-6-9～A8-6-15
030816004	焊缝 γ 射线探伤	1. 名称 2. 底片规格 3. 管道厚度			A8-6-16～A8-6-19

续表

项目编码	项目名称	项目特征	计量单位	工程量计算规则	定额编号
030816005	焊缝超声波探伤	1.名称 2.管道规格 3.对比试块设计要求			A8-6-20～A8-6-23
030816006	焊缝磁粉探伤	1.名称 2.管道规格			A8-6-24～A8-6-31
030816007	焊缝渗透探伤	1.名称 2.管道规格			A8-6-32～A8-6-39
030816008	焊前预热、后热处理	1.材质 2.规格及管道壁厚 3.压力等级 4.热处理方法 5.硬度测定设计要求	口	按规范或设计要求计算	A8-6-41～A8-6-131
030816009	焊口热处理	1.材质 2.规格及管道壁厚 3.压力等级 4.热处理方法 5.硬度测定设计要求			A8-6-132～A8-6-208
WB030816001	焊缝涡流探伤	1.名称 2.规格	m		A8-6-40
WB030816002	硬度测定	1.名称 2.规格		按规范或设计要求计算	A8-6-209
WB030816003	超声波测厚	1.名称 2.规格	点		A8-6-213
WB030816004	光谱分析	1.名称 2.规格			A8-6-210～A8-6-212
注：探伤项目包括固定探伤仪支架的制作、安装。					

H.17 其他项目制作安装

其他项目制作安装工程量清单项目设置、项目特征描述的内容、计量单位及工程量计算规则，应按表 H.17 的规定执行。

表 H.17 其他项目制作安装（编码：030817）

项目编码	项目名称	项目特征	计量单位	工程量计算规则	定额编号
030817001	冷排管制作安装	1.排管形式 2.组合长度	m	按设计图示以长度计算	A8-7-8～A8-7-32
030817002	分、集气（水）缸安装	1.质量 2.材质、规格 3.安装方式	台	按设计图示数量计算	A8-7-36～A8-7-50

续表

项目编码	项目名称	项目特征	计量单位	工程量计算规则	定额编号
030817003	空气分气筒制作安装	1.材质 2.规格	组	按设计图示数量计算	A8-7-51～A8-7-53
030817004	空气调节喷雾管安装	1.材质 2.规格			A8-7-54～A8-7-59
030817005	钢制排水漏斗制作安装	1.形式、材质 2.口径规格	个		A8-7-60～A8-7-63
030817006	水位计安装	1.规格 2.型号	组		A8-7-64～A8-7-65
030817007	手摇泵安装	1.规格 2.型号	个		A8-7-66～A8-7-69
WB030817001	管口焊接充氩气保护	1.规格、型号 2.材质 3.充氩气位置（内、外）	口	按规范或设计要求计算	A8-7-1～A8-7-7
WB030817002	钢带退火	1.规格、型号 2.材质	t	按设计图示质量计算	A8-7-33
WB030817003	加氨	1.规格 2.材质		按规范或设计要求计算	A8-7-34～A8-7-35
WB030817004	阀门操纵装置安装	1.规格、型号 2.材质	kg		A8-7-70
WB030817005	调节阀临时短管制作、装拆		个		A8-7-101～A8-7-108
WB030817007	新旧管连接（碰头）	1.规格、型号 2.材质 2.接口形式	处	按规范或设计要求计算	A8-7-71～A8-7-100
WB030817008	场外运输	1.运距	t	按规范或设计要求计算	A8-7-309～A8-7-310
WB030817009	管道压力试验	1.规格、型号 2.压力等级 3.管内介质	m	按规范或设计要求计算	A8-5-1～A8-5-50
WB030817010	管道系统吹扫	1.规格、型号 2.管内介质	m	按规范或设计要求计算	A8-5-51～A8-5-71
WB030817011	管道系统清洗				A8-5-72～A8-5-92
WB030817012	管道脱脂				A8-5-93～A8-5-99
WB030817013	管道油清洗				A8-5-100～A8-5-111
WB030817014	管道消毒冲洗				A8-5-112～A8-5-129

注：1.冷排管制作安装项目中包括钢带退火、加氨、冲套翅片，按设计要求计算。

2.钢制排水漏斗制作安装，其口径按下口公称直径描述。

3.管道压力试验、泄漏试验、吹扫与清洗按不同压力、规格描述。

H.18 相关问题及说明

H.18.1 工业管道工程适用于厂区范围内的车间、装置、站、罐区及其相互之间各种生产用介质输送管道和厂区第一个连接点以内生产、生活共用的输送给水、排水、蒸汽、燃气的管道安装工程。

H.18.2 厂区范围内的生活用给水、排水、蒸汽、燃气的管道安装工程执行本规范附录K给排水、采暖、燃气工程相应项目。

H.18.3 工业管道压力等级划分：

低压：$0<P\leqslant1.6$MPa；

中压：$1.6<P\leqslant10$MPa；

高压：$10<P\leqslant42$MPa；

蒸汽管道：$P\geqslant9$MPa；工作温度≥500℃。

H.18.4 仪表流量计，应按本规范附录F自动化控制仪表安装工程相关项目编码列项。

H.18.5 管道、设备和支架除锈、刷油及保温等内容，除注明者外均应按本规范附录M刷油、防腐蚀、绝热工程相关项目编码列项。

H.18.6 组装平台搭拆、管道防冻和焊接保护、特殊管道充气保护、高压管道检验、地下管道穿越建筑物保护等措施项目，应按本规范附录N措施项目相关项目编码列项。

附录J 消防工程

J.1 水灭火系统

水灭火系统工程量清单项目设置、项目特征描述的内容、计量单位及工程量计算规则，应按表J.1的规定执行。

表J.1 水灭火系统（编码030901）

<table>
<tr><th>项目编码</th><th>项目名称</th><th>项目特征</th><th>计量单位</th><th>工程量计算规则</th><th>定额编号</th></tr>
<tr><td>030901001</td><td>水喷淋钢管</td><td rowspan="2">1. 安装部位
2. 材质、规格
3. 连接形式</td><td rowspan="2">m</td><td rowspan="2">按设计图示管道中心线以长度计算</td><td>A9-1-1～
A9-1-23</td></tr>
<tr><td>030901002</td><td>消火栓钢管</td><td>A9-1-32～
A9-1-41</td></tr>
<tr><td>030901003</td><td>水喷淋（雾）喷头</td><td>1. 安装部位
2. 材质、型号、规格
3. 连接形式
4. 装饰盘设计要求</td><td>个</td><td rowspan="6">按设计图示数量计算</td><td>A9-1-42～
A9-1-47</td></tr>
<tr><td>030901004</td><td>报警装置</td><td>1. 名称
2. 型号、规格</td><td rowspan="2">组</td><td>A9-1-48～
A9-1-53</td></tr>
<tr><td>030901005</td><td>温感式水幕装置</td><td>1. 型号、规格
2. 连接形式</td><td>A9-1-64～
A9-1-68</td></tr>
<tr><td>030901006</td><td>水流指示器</td><td>1. 规格、型号
2. 连接形式</td><td rowspan="2">个</td><td>A9-1-54～
A9-1-63</td></tr>
<tr><td>030901007</td><td>减压孔板</td><td>1. 材质、规格
2. 连接形式</td><td>A9-1-69～
A2-9-73</td></tr>
<tr><td>030901008</td><td>末端试水装置</td><td>1. 规格
2. 组装形式</td><td>组</td><td>A9-1-74～
A9-1-75</td></tr>
<tr><td>030901009</td><td>集热板制作安装</td><td>1. 材质
2. 支架形式</td><td>个</td><td rowspan="5">按设计图示数量计算</td><td>A9-1-76</td></tr>
<tr><td>030901010</td><td>室内消火栓</td><td rowspan="2">1. 安装方式
2. 型号、规格
3. 附件材质、规格</td><td rowspan="3">套</td><td>A9-1-77～
A9-1-84</td></tr>
<tr><td>030901011</td><td>室外消火栓</td><td>A9-1-85～
A9-1-92</td></tr>
<tr><td>030901012</td><td>消防水泵接合器</td><td>1. 安装部位
2. 型号、规格
3. 附件材质、规格</td><td>A9-1-93～
A9-1-98</td></tr>
<tr><td>030901013</td><td>灭火器</td><td>1. 形式
2. 规格、型号</td><td>具</td><td>A9-1-99～
A9-1-101</td></tr>
</table>

续表

项目编码	项目名称	项目特征	计量单位	工程量计算规则	定额编号
030901014	消防水炮	1. 水炮类型 2. 压力等级 3. 保护半径	台	按设计图示数量计算	A9-1-102～ A9-1-105
WB030901001	管件安装	1. 型号、规格 2. 连接方式	个		A9-1-24～ A9-1-31

注：1. 水灭火管道工程量计算，不扣除阀门、管件及各种组件所占长度以延长米计算。

2. 水喷淋（雾）喷头安装部位应区分吊顶、无吊顶。

3. 报警装置适用于湿式报警装置、干湿两用报警装置、电动雨淋报警装置、预作用报警装置等报警装置安装。报警装置安装包括装配管（除水力警铃进水管）的安装，水力警铃进水管并入消防管道工程量。其中：

1）湿式报警装置包括内容：湿式阀、蝶阀、装配管、供水压力表、装置压力表、试验阀、泄放试验阀、泄放试验管、试验管流量计、过滤器、延时器、水力警铃、报警截止阀、漏斗、压力开关等。

2）干湿两用报警装置包括内容：两用阀、蝶阀、装配管、加速器、加速器压力表、供水压力表、试验阀、泄放试验阀（湿式、干式）、挠性接头、泄放试验管、试验管流量计、排气阀、截止阀、漏斗、过滤器、延时器、水力警铃、压力开关等。

3）电动雨淋报警装置包括内容：雨淋阀、蝶阀、装配管、压力表、试验阀、泄放试验阀、流量表、截止阀、注水阀、止回阀、电磁阀、排水阀、手动应急球阀、报警试验阀、漏斗、压力开关、过滤器、水力警铃等。

4）预作用报警装置包括内容：报警阀、控制蝶阀、压力表、流量表、截止阀、排放阀、、注水阀、止回阀、泄放阀、报警试验阀、液压切断阀、装配管、供水检验管、气压开关、试压电磁阀、空压机、应急手动试压器、漏斗、过滤器、水力警铃等。

4. 温感式水幕装置，包括给水三通至喷头、阀门间的管道、管件、阀门、喷头等全部内容的安装。

5. 末端试水装置，包括压力表、控制阀等附件安装。末端试水装置安装中不含连接管及排水管安装，其工程量并入消防管道。

6. 室内消火栓，包括消火栓箱、消火栓、水枪、水龙头、水龙带接扣、自救卷盘、挂架；落地消火栓箱包括箱内手提灭火器。

7. 室外消火栓，安装方式分地上式、地下式； 地上式消火栓安装包括地上式消火栓、法兰接管、弯管底座； 地下式消火栓安装包括地下式消火栓、法兰接管、弯管底座或消火栓三通。

8. 消防水泵接合器，包括法兰接管及弯头安装，接合器井内阀门、弯管底座、标牌等附件安装。

9. 减压孔板若在法兰盘内安装，其法兰计入组价中。

10. 消防水炮：分普通手动水炮、智能控制水炮。

J.2 气体灭火系统

气体灭火系统工程量清单项目设置、项目特征描述的内容、计量单位及工程量计算规则，应按表 J. 2 的规定执行。

表 J.2 气体灭火系统（编码 030902）

项目编码	项目名称	项目特征	计量单位	工程量计算规则	定额编号
030902001	无缝钢管	1. 介质 2. 材质、压力等级 3. 规格	m	按设计图示管道中心线以长度计算	A9-2-1～ A9-2-8, A9-2-17～ A9-2-19
030902004	气体驱动装置管道	1. 材质、压力等级 2. 规格			A9-2-20～ A9-2-21

续表

项目编码	项目名称	项目特征	计量单位	工程量计算规则	定额编号
030902005	选择阀	1. 材质 2. 型号、规格 3. 连接方式	个	按设计图示数量计算	A9-2-22～A9-2-28
030902006	气体喷头	1. 材质 2. 型号、规格			A9-2-29～A9-2-34
030902007	贮存装置	1. 介质、类型 2. 型号、规格	套		A9-2-35～A9-2-40
030902008	称重检漏装置	1. 型号 2. 规格			A9-2-41
030902009	无管网气体灭火装置	1. 类型 2. 型号、规格			A9-2-42～A9-2-46
WB030902001	钢制管件	1. 型号、规格 2. 连接方式	件		A9-2-9～A9-2-16
WB030902002	管网系统试验	1. 名称	套		A9-2-47

注：1. 气体灭火管道工程量计算，不扣除阀门、管件及各种组件所占长度以延长米计算。

2. 气体灭火介质，包括七氟丙烷灭火系统、IG541 灭火系统、二氧化碳灭火系统等。

3. 气体驱动装置管道安装，包括卡、套连接件。

4. 贮存装置安装，包括灭火剂存储器、驱动气瓶、支框架、集流阀、容器阀、单向阀、高压软管和安全阀等贮存装置和阀驱动装置、减压装置、压力指示仪等。

5. 无管网气体灭火系统由柜式预制灭火装置、火灾探测器、火灾自动报警灭火控制器等组成，具有自动控制和手动控制两种启动方式。无管网气体灭火装置安装，包括气瓶柜装置（内设气瓶、电磁阀、喷头）和自动报警控制装置（包括控制器，烟、温感，声光报警器，手动报警器，手/自动控制按钮）等。

J.3 泡沫灭火系统

泡沫灭火系统工程量清单项目设置、项目特征描述的内容、计量单位及工程量计算规则，应按表 J. 3 的规定执行。

表 J.3 泡沫灭火系统（编码 030903）

项目编码	项目名称	项目特征	计量单位	工程量计算规则	定额编号
030903006	泡沫发生器	1. 类型 2. 型号、规格	台	按设计图示数量计算	A9-3-1～A9-3-5
030903007	泡沫比例混合器				A9-3-6～A9-3-16

注：1. 泡沫发生器、泡沫比例混合器安装，包括整体安装、焊法兰、单体调试及配合管道试压时隔离本体所消耗的工料。

J.4　火灾自动报警系统

火灾自动报警系统工程量清单项目设置、项目特征描述的内容、计量单位及工程量计算规则，应按表 J.4 的规定执行。

表 J.4　火灾自动报警系统（编码 030904）

项目编码	项目名称	项目特征	计量单位	工程量计算规则	定额编号
030904001	点型探测器	1. 名称 2. 规格 3. 线制 4. 类型	个	按设计图示数量计算	A9-4-1～ A9-4-5
030904002	线型探测器	1. 名称 2. 规格 3. 安装方式	m		A9-4-6
030904003	按钮	1. 名称 2. 规格	个		A9-4-9～ A9-4-10
030904004	消防警铃				A9-4-11
030904005	声光报警器				A9-4-12
030904006	消防报警电话插孔（电话）	1. 名称 2. 规格 3 安装方式	个 （部）		A9-4-18～ A9-4-19
030904007	消防广播（扬声器）	1. 名称 2. 功率 3. 安装方式	个		A9-4-20～ A9-4-22
030904008	模块（模块箱）	1. 名称 2. 规格 3. 类型 4. 输出形式	个 （台）		A9-4-23～ A9-4-30
030904009	区域报警控制箱	1. 多线制 2. 总线制 3. 安装方式 4. 控制点数量 5. 显示器类型	台		A9-4-31～ A9-4-35
030904010	联动控制箱				A9-4-36～ A9-4-38
030904011	远程控制箱（柜）	1. 规格 2. 控制回路			A9-4-39～ A9-4-40
030904012	火灾报警系统控制主机	1. 规格、线制 2. 控制回路 3. 安装方式			A9-4-42～ A9-4-50
030904013	联动控制主机				A9-4-51～ A9-4-54
030904014	消防广播及对讲电话主机（柜）	1. 规格、线制 2. 控制回路 3. 安装方式	台	按设计图示数量计算	A9-4-55～ A9-4-63

续表

项目编码	项目名称	项目特征	计量单位	工程量计算规则	定额编号
030904015	火灾报警控制微机（CRT）	1.规格 2.安装方式	台	按设计图示数量计算	A9-4-64
030904016	备用电源及电池主机（柜）	1.名称 2.容量 3.安装方式	套		A9-4-65
030904017	报警联动一体机	1.规格、线制 2.控制回路 3.安装方式	台		A9-4-66～A9-4-73
WB030904001	线型探测器终端、调制器	1.名称 2.规格	个		A9-4-7～A9-4-8
WB030904002	重复显示屏	1.规格 3.线制	台		A9-4-41
WB030904003	空气采样管	1.名称 2.材质 3.安装方式	m		A9-4-13
WB030904004	空气采样型探测器	1.名称 2.规格 3.类型	台		A9-4-14～A9-4-17
WB030904005	电气火灾监控设备	1.名称 2.规格 3.输入形式	个		A9-4-74～A9-4-75
WB030904006	防火门监控模块				A9-4-76～A9-4-77
WB030904007	防火门监控控制器	1.安装方式 2.控制点数量	台		A9-4-78～A9-4-80
WB030904008	消防智能疏散	1.名称	个		A9-4-81～A9-4-82

注：1.消防报警系统配管、配线、接线盒均应按本规范附录D电气设备安装工程相关项目编码列项。
2.消防广播及对讲电话主机包括功放、录放机、分配器、控制柜等设备。
3.点型探测器包括火焰、烟感、温感、红外光束、可燃气体探测器等。

J.5 消防系统调试

消防系统调试工程量清单项目设置、项目特征描述的内容、计量单位及工程量计算规则，应按表J.5的规定执行。

表J.5 消防系统调试（编码030905）

项目编码	项目名称	项目特征	计量单位	工程量计算规则	定额编号
030905001	自动报警系统装置调试	1.点数 2.线制	系统	按系统计算	A9-5-1～A9-5-8

续表

项目编码	项目名称	项目特征	计量单位	工程量计算规则	定额编号
030905002	水灭火系统控制装置调试	1.系统形式	点	按控制装置的点数计算	A9-5-11～A9-5-12
030905003	防火控制装置联动调试	1.名称 2.类型	个（部）	按设计图示数量计算	A9-5-14～A9-5-21
030905004	气体灭火系统装置调试	1.试验容器规格 2.气体试喷	点	按调试、检验和验收所消耗的试验容器总数计算	A9-5-22～A9-5-26
WB030905001	火灾事故广播、消防通信系统调试	1.点数 2.类型	只（部）	按系统的点数计算	A9-5-9～A9-5-10
WB030905002	消防水炮控制装置调试	名称	点	按水炮数量以点计算	A9-5-13

注：1.自动报警系统，包括各种探测器、报警器、报警按钮、报警探测器、消防广播、消防电话等组成的报警系统；按不同点数以系统计算。

2.水灭火控制装置，自动喷洒系统按水流指示器数量以点（支路）计算；消火栓系统按消火栓启泵按钮数量以点计算；消防水炮系统按水炮数量以点计算。

3.防火控制装置，包括电动防火门、防火卷帘门、正压送风阀、排烟阀、防火控制阀、消防电梯等防火控制装置；电动防火门、防火卷帘门、正压送风阀、排烟阀、防火控制阀等调试以个计算，消防电梯以部计算。

4.气体灭火系统调试，是由七氟丙烷、IG541、二氧化碳等组成的灭火系统；按气体灭火系统装置的瓶头阀以点计算。

J.6 相关问题及说明

J.6.1 管道界限的划分：

1.喷淋系统水灭火管道：室内外界限应以建筑物外墙皮 1.5m 为界，入口处设阀门者应以阀门为界；设在高层建筑物内的消防泵间管道应以泵间外墙皮为界。

2.消火栓管道：给水管道室内外界限划分应以外墙皮 1.5m 为界，入口处设阀门者应以阀门为界；设在高层建筑物内的消防泵间管道应以泵间外墙皮为界。

3.与市政给水管道的界限：以与市政给水管道碰头点（井）为界。

J.6.2 消防管道如需进行探伤，应按本规范附录 H 工业管道工程相关项目编码列项。

J.6.3 消防管道上的阀门、管道及设备支架、套管制作安装，应按本规范附录 K 给排水、采暖燃气工程相关项目编码列项。

J.6.4 本章管道及设备除锈、刷油、保温除注明外，均应按本规范附录 M 刷油、防腐蚀、绝热工程相关项目编码列项。

J.6.5 消防工程措施项目，应按本规范附录 N 措施项目相关项目编码列项。

附录 K　给排水、采暖、燃气工程

K.1　给排水、采暖、燃气管道

给排水、采暖、燃气管道工程量清单项目设置、项目特征描述的内容、计量单位及工程量计算规则，应按表 K.1 的规定执行。

表 K.1　给排水、采暖、燃气管道（编码：031001）

<table>
<tr><th>项目编码</th><th>项目名称</th><th>项目特征</th><th>计量单位</th><th>工程量计算规则</th><th>定额编号</th></tr>
<tr><td>031001001</td><td>镀锌钢管</td><td rowspan="6">1. 安装部位
2. 介质
3. 规格、压力等级
4. 连接形式
5. 压力试验及吹洗设计要求
6. 警示带形式</td><td rowspan="6">m</td><td rowspan="6">按设计图示管道中心线以长度计算</td><td>A10-1-1～A10-1-22
A10-2-1～A10-2-32
A10-3-1～A10-3-13</td></tr>
<tr><td>031001002</td><td>钢管</td><td>A10-1-23～A10-1-74
A10-2-33～A10-2-61
A10-3-14～A10-3-65</td></tr>
<tr><td>031001003</td><td>不锈钢管</td><td>A10-1-75～A10-1-122
A10-3-66～A10-3-84</td></tr>
<tr><td>031001004</td><td>铜管</td><td>A10-1-123～A10-1-149
A10-3-85～A10-3-90</td></tr>
<tr><td>031001005</td><td>铸铁管</td><td>A10-1-150～A10-1-222
A10-3-91～A10-3-95</td></tr>
<tr><td>031001006</td><td>塑料管</td><td>A10-1-223～A10-1-317
A10-2-62～A10-2-97
A10-3-96～A10-3-112</td></tr>
<tr><td>031001007</td><td>复合管</td><td>1. 安装部位
2. 介质
3. 规格、压力等级
4. 连接形式
5. 压力试验及吹洗设计要求
6. 警示带形式</td><td>m</td><td>按设计图示管道中心线以长度计算</td><td>A1-10-318～A1-10-374
A10-3-113～A10-3-118</td></tr>
<tr><td>031001008</td><td>直埋式预制保温管</td><td>1. 埋设深度
2. 介质
3. 管道材质、规格
4. 连接形式
5. 接口保温材料
6. 压力试验及吹洗设计要求
7. 警示带形式</td><td>m</td><td>按设计图示管道中心线以长度计算</td><td>A10-2-98～A10-2-129</td></tr>
</table>

续表

项目编码	项目名称	项目特征	计量单位	工程量计算规则	定额编号
031001011	管道碰头	1.介质 2.碰头形式 3.材质、规格 4.连接形式 5.防腐、绝热设计要求	处	按设计图示管道中心线以长度计算	A1-10-375～A1-10-405 A10-3-119～A10-3-158
WB031001001	氮气置换	1.安装部位 2.介质 3.规格、压力等级 4.连接形式 5.压力试验及吹洗设计要求 6.警示带形式	m	按设计图示管道中心线以长度计算	A10-3-159～A10-3-168
WB031001002	警示带、示踪线、地面警示标志桩安装	1.安装部位 2.介质 3.规格、压力等级 4.连接形式 5.压力试验及吹洗设计要求 6.警示带形式	m	按设计图示以长度计算	A10-3-169～A10-3-171

注：1.本章适用于室内外生活用给排水管道、室内外采暖、燃气、空调管道的安装，包括镀锌钢管、钢管、不锈钢管、铜管、铸铁管、塑料管、复合管、直埋式预制保温管等不同材质的管道安装及室外管道碰头，氮气置换及警示带、示踪线、地面警示标志桩安装等项目。

2.给水管道适用于生活饮用水、热水、中水、冷热水、空调供回水、凝结水、冷却水及压力排水管道。

3.塑料管适用于UPVC、PVC、PP-C、PP-R、PE、PB等塑料管。

4.镀锌钢管（螺纹连接）适用于室内外焊接钢管的螺纹连接。

5.钢塑复合管适用于内涂塑、内外涂塑、内衬塑、外覆塑内衬塑复合管。

6.钢管沟槽连接适用于镀锌钢管、焊接钢管及无缝钢管等沟槽连接的管道。不锈钢管、铜管、复合管的沟槽连接，可参照执行。

7.燃气管道安装项目适用于工作压力小于或等于0.4MPa（中压A）的燃气系统。如铸铁管道工作压力大于0.2MPa时，安装人工乘以系数1.3。

K.2 支架及其他

管道支吊架工程量清单项目设置、项目特征描述的内容、计量单位及工程量计算规则，应按表K.2的规定执行。

表K.2 支架及其他（编码：031002）

项目编码	项目名称	项目特征	计量单位	工程量计算规则	定额编号
031002001	管道支吊架制作与安装	1.材质 2.管架形式	kg	以千克计量，按设计图示质量计算	A10-10-9～A10-10-10

续表

项目编码	项目名称	项目特征	计量单位	工程量计算规则	定额编号
031002002	设备支架	1.材质 2.形式	kg	以千克计量，按设计图示质量计算	A10-10-11～A10-10-17
031002003	套管制作与安装	1.名称 2.材质 3.规格 4.填料材质	个	按设计图示数量计算	A10-10-18～A10-10-191
WB031002001	成品管卡安装	1.材质 2.型号、规格 3.安装方式	个	按设计图示数量计算	A10-10-1～A10-10-8
WB031002002	管道水压试验	1.介质	m	按设计图示长度计算	A10-10-192～A10-10-209
WB031002003	成品表箱安装	规格	个	按设计图示数量计算	A10-10-210～A10-10-212
WB031002004	剔堵槽沟	规格	m	按设计图示长度计算	A10-10-213～A10-10-222
WB031002005	机械钻孔	规格	个	按设计图示数量计算	A10-10-223～A10-10-232
WB031002006	预留孔洞	规格	个	按设计图示数量计算	A10-10-233～A10-10-254
WB031002007	堵洞	规格	个	按设计图示数量计算	A10-10-255～A10-10-265
注：1.本章内容包括管道支架、设备支架和各种套管制作安装，管道水压试验，管道消毒、冲洗，成品表箱安装，剔堵槽、沟，机械钻孔，预留孔洞，堵洞等项目。 2.成品管卡适用于各类管道配套的立、支管。 3.套管适用于砖墙、混凝土墙、板、水池等。					

K.3 管道附件

管道附件工程量清单项目设置、项目特征描述的内容、计量单位及工程量计算规则，应按表K.3的规定执行。

表K.3 管道附件（编码：031003）

项目编码	项目名称	项目特征	计量单位	工程量计算规则	定额编号
031003001	螺纹阀门	1.类型 2.材质 3.规格、压力等级 4.连接形式 5.焊接方法	个	按设计图示数量计算	A10-4-1～A10-4-34
031003003	焊接法兰阀门				A10-4-35～A10-4-91
031003005	塑料阀门				A10-4-92～A10-4-109
031003006	减压器	1.材质 2.规格、压力等级 3.连接形式 4.附件配置	组		A10-4-246～A10-4-261
031003007	疏水器				A10-4-262～A10-4-274
031003008	除污器				A10-4-275～A10-4-286
031003009	补偿器	1.材质 2.规格 3.连接形式	个		A10-4-376～A10-4-442

续表

项目编码	项目名称	项目特征	计量单位	工程量计算规则	定额编号
031003010	软接头（软管）	1. 材质 2. 规格 3. 连接形式	个	按设计图示数量计算	A10-4-443～A10-4-463
031003011	法兰	1. 类型 2. 材质 3. 规格、压力等级 4. 连接形式 5. 焊接方法	副		A10-4-125～A10-4-245
031003012	倒流防止器	1. 材质 2. 规格 3. 连接形式	个		A10-4-329～A10-4-360
031003013	水表	1. 安装部位(室内外) 2. 型号、规格 3. 连接形式 4. 附件配置	组(个)		A10-4-287～A10-4-317
031003014	热量表				A10-4-318～A10-4-328
031003015	塑料排水管消声器	1. 规格 2. 连接形式	个	按设计图示数量计算	A10-4-464～A10-4-469
031003016	浮标液面计	1. 规格 2. 连接形式	组	按设计图示数量计算	A10-4-470
031003017	浮漂水位标尺	1. 用途 2. 规格	套	按设计图示数量计算	A10-4-471～A10-4-475
WB031003001	沟槽阀门	1. 类型 2. 材质 3. 规格、压力等级 4. 连接形式 5. 焊接方法	个	按设计图示数量计算	A10-4-110～A10-4-124
WB031003002	水锤消除器	1. 规格 2. 连接形式	个	按设计图示数量计算	A10-4-361～A10-4-375

注：1. 本章包括螺纹阀门、法兰阀门、塑料阀门、沟槽阀门、法兰、减压器、疏水器、除污器、水表、热量表、倒流防止器、水锤消除器、补偿器、软接头（软管）、塑料排水管消声器、浮标液面计、浮漂水位标尺等安装。

2. 法兰阀门安装包括法兰连接，不得另计。阀门安装如仅为一侧法兰连接时，应在项目特征中描述。

3. 减压器规格按高压侧管道规格描述。

4. 减压器、疏水器等项目包括组成与安装工作内容，项目特征应根据设计要求描述附件配置情况，或根据相关图集或相关施工图做法描述。

K.4 卫生器具

卫生器具工程量清单项目设置、项目特征描述的内容、计量单位及工程量计算规则，应按表 K. 4 的规定执行。

表 K.4　卫生器具（编码：031004）

项目编码	项目名称	项目特征	计量单位	工程量计算规则	定额编号
031004001	浴缸	1. 材质 2. 规格、类型 3. 组装形式 4. 附件名称、数量	组	按设计图示数量计算	A10-5-1～A10-5-9
031004002	净身盆				A10-5-10～A10-5-11
031004003	洗脸盆				A10-5-11～A10-5-22
031004004	洗涤盆				A10-5-23～A10-5-27
031004005	化验盆				A10-5-28～A10-5-32
031004006	大便器				A10-5-33～A10-5-42
031004007	小便器		组		A10-5-43～A10-5-48
031004008	其他成品卫生器具				A10-5-49
031004009	烘手器	1. 材质 2. 型号、规格	个		A10-5-50
031004010	淋浴器	1. 材质、规格 2. 组装形式 3. 附件名称、数量	套		A10-5-51～A10-5-60
031004011	沐浴间				A10-5-61
031004012	桑拿浴房		座		A10-5-62～A10-5-66
031004013	大、小便槽 自动冲洗水箱	1. 材质、类型 2. 规格 3. 水箱配件 4. 支架形式及做法 5. 器具及支架除锈、刷油设计要求	套	按设计图示数量计算	A10-5-67～A10-5-80
031004014	给、排水附（配）件	1. 材质 2. 型号、规格 3. 安装方式	个（组）		A10-5-81～A10-5-104
031004015	小便槽冲洗管	1. 材质 2. 规格	m	按设计图示长度计算	A10-5-105～A10-5-108
031004016	蒸汽-水加热器		套		A10-5-109
031004017	冷热水混合器				A10-5-110～A10-5-111
031004018	饮水器	1. 类型 2. 型号、规格 3. 安装方式	套	按设计图示数量计算	A10-5-112
031004019	隔油器		套		A10-5-113～A10-5-118

注：1. 成品卫生器具项目中的附件安装，主要指给水附件包括水嘴、阀门、喷头等，排水配件包括存水弯、排水栓、下水口等以及配备的连接管。

2. 浴缸支座和浴缸周边的砌砖、瓷砖粘贴，应按现行国家标准《房屋建筑与装饰工程工程量计算规范》GB 50854 相关项目编码列项；功能性浴缸不含电机接线和调试，应按本规范附录 D 电气设备安装工程相关项目编码列项。

3. 洗脸盆适用于洗脸盆、洗发盆、洗手盆安装。

4. 器具安装中若采用混凝土或砖基础，应按现行国家标准《房屋建筑与装饰工程工程量计算规范》GB 50854 相关项目编码列项。

5. 给、排水附（配）件是指独立安装的水嘴、地漏、地面扫出口等。

K.5 供暖器具

供暖器具工程量清单项目设置、项目特征描述的内容、计量单位及工程量计算规则，应按表K.5的规定执行。

表K.5 供暖器具（编码：031005）

项目编码	项目名称	项目特征	计量单位	工程量计算规则	定额编号
031005002	钢制散热器	1. 结构形式 2. 型号、规格 3. 安装方式 4. 托架刷油设计要求	组（片）	按设计图示数量计算	A10-6-1～A10-6-30
031005003	其他成品散热器				A10-6-31～A10-6-38
031005004	光排管散热器制作安装	1. 材质 2. 型号、规格 3. 安装方式	m		A10-6-39～A10-6-92
031005005	暖风机		台		A10-6-93～A10-6-100
031005006	地板辐射采暖		m		A10-6-101～A10-6-107
031005007	热媒集配装置安装		组		A10-6-108～A10-6-115

注：1. 本章适用于钢制散热器及其他成品散热器安装、光排管散热器制作安装、暖风机安装、地板辐射采暖、热媒集配装置安装。
2. 各型散热器不分明装、暗装，均按材质、类型计算。

K.6 采暖、给排水设备

采暖、给排水设备工程量清单项目设置、项目特征描述的内容、计量单位及工程量计算规则，应按表K.6的规定执行。

表K.6 采暖、给排水设备（编码：031006）

项目编码	项目名称	项目特征	计量单位	工程量计算规则	定额编号
031006001	变频给水设备	1. 类型 2. 规格、型号 3. 固定方式	套	按设计图示数量计算	A10-8-1～A10-8-6
031006002	稳压给水设备				A10-8-7～A10-8-12
031006003	无负压给水设备				A10-8-13～A10-8-18
031006004	气压罐		台		A10-8-19～A10-8-24
031006005	太阳能集热装置		m^2		A10-8-25～A10-8-26
031006006	地源（水源、气源）热泵机组		组		A10-8-27～A10-8-32
031006007	除砂器		台		A10-8-33～A10-8-37

续表

项目编码	项目名称	项目特征	计量单位	工程量计算规则	定额编号
031006008	水处理器	1.类型 2.规格、型号 3.固定方式	台	按设计图示数量计算	A10-8-38～A10-8-54
031006010	水质净化器				A10-8-59～A10-8-64
031003011	紫外线杀菌设备				A10-8-65～A10-8-72
031008012	热水器、开水炉	1.能源种类 2.型号、容积 3.安装方式			A10-8-73～A10-8-89
031008013	消毒器、消毒锅	1.类型 2.型号、规格			A10-8-90～A10-8-95
031006014	直饮水设备	1.类型 2.规格、型号 3.固定方式			A10-8-97～A10-8-100
031008015	水箱	1.材质、类型 2.型号、规格			A10-8-101～A10-8-129
WB031008001	水箱自洁器	1.类型 2.规格、型号 3.固定方式			A10-8-55～A10-8-58

注：1.本章适用于采暖、生活给排水系统中的变频给水设备、稳压给水设备、无负压给水设备、气压罐、太阳能集热装置、地源（水源、气源）热泵机组、除砂器、水处理器、水箱自洁器、水质净化器、紫外线杀菌设备、热水器、开水炉、消毒器、消毒锅、直饮水设备、水箱制作安装等项目。

2.给水设备、地源热泵均按整体组成计算。

3.水箱适用于玻璃钢、不锈钢、钢板等材质。

K.7 燃气器具及其他

燃气器具及其他工程量清单项目设置、项目特征描述的内容、计量单位及工程量计算规则，应按表K.7的规定执行。

表K.7 燃气器具及其他（编码：031007）

项目编码	项目名称	项目特征	计量单位	工程量计算规则	定额编号
031007001	燃气开水炉	1.型号、容量 2.安装方式 3.附件型号、规格	台	按设计图示数量计算	A10-7-1～A10-7-2
031007002	燃气采暖炉				A10-7-3～A10-7-4
031007003	燃气沸水器	1.类型 2.型号、容量 3.安装方式 4.附件型号、规格			A10-7-5～A10-7-7
031007004	燃气热水器				A10-7-8

续表

<table>
<tr><th>项目编码</th><th>项目名称</th><th>项目特征</th><th>计量单位</th><th>工程量计算规则</th><th>定额编号</th></tr>
<tr><td>031007005</td><td>燃气表</td><td>1. 类型
2. 型号、规格
3. 连接方式
4. 托架设计要求</td><td>块(台)</td><td rowspan="7">按设计图示数量计算</td><td>A10-7-9～A10-7-29</td></tr>
<tr><td>031007006</td><td>燃气灶具</td><td>1. 用途
2. 类型
3. 型号、规格
4. 安装方式
5. 附件型号、规格</td><td>台</td><td>A10-7-30～A10-7-36</td></tr>
<tr><td>WB031007007</td><td>气嘴</td><td>1. 单嘴、双嘴
2. 材质
3. 型号、规格
4. 连接形式</td><td>个</td><td>A10-7-37</td></tr>
<tr><td>WB031007008</td><td>调压器安装</td><td>1. 类型
2. 型号、规格
3. 安装方式</td><td>台</td><td>A10-7-38～A10-7-43</td></tr>
<tr><td>WB031007010</td><td>调长器</td><td>1. 规格
2. 压力等级
3. 连接方式</td><td>个</td><td>A10-7-114～A10-7-121</td></tr>
<tr><td>WB031007011</td><td>调压箱、调压装置</td><td>1. 类型
2. 型号、规格
3. 安装部位</td><td>台</td><td>A10-7-44～A10-7-55</td></tr>
<tr><td>WB031007001</td><td>燃气凝水缸</td><td>1. 类型
2. 材质
3. 型号、规格
4. 压力等级
5. 连接方式</td><td>套</td><td>A10-7-56～A10-7-113</td></tr>
<tr><td>WB031007002</td><td>引入口保护罩安装</td><td>1. 类型
2. 型号、规格</td><td>个</td><td>按设计图示数量计算</td><td>A10-7-122～A10-7-123</td></tr>
<tr><td colspan="6">注：1. 本章包括燃气开水炉安装，燃气采暖炉安装，燃气沸水器、消毒器、燃气快速热水器安装，燃气表、燃气灶具、气嘴、调压器安装，调压箱、调压装置、燃气凝水缸、燃气管道调长器安装，引入口保护罩安装等。
2. 成品钢制凝水缸、铸铁凝水缸、塑料凝水缸安装，按中压和低压分别列项。
3. 燃气管道调长器安装项目适用于法兰式波纹补偿器和套筒式补偿器的安装。</td></tr>
</table>

K.8 医疗气体设备及附件

医疗气体设备及附件工程量清单项目设置、项目特征描述的内容、计量单位及工程量计算规则，应按表 K.8 的规定执行。

表 K.8　医疗气体设备及附件（编码：031008）

项目编码	项目名称	项目特征	计量单位	工程量计算规则	定额编号
031008001	制氧机	1.类型 2.规格、型号 3.制氧量	台	按设计图示数量计算	A10-9-1～A10-9-6
031008002	液氧罐	1.类型 2.规格、型号 3.储氧量			A10-9-7～A10-9-9
031008003	二级稳压箱	1.规格、型号 2.安装方式			A10-9-10
031008004	气体汇流排	1.规格、型号 2.安装方式	组		A10-9-11～A10-9-16
031008005	集污罐	1.规格、型号 2.安装方式	个	按设计图示数量计算	A10-9-17～A10-9-19
031008006	刷手池	1.规格、型号 2.附件材质、规格	组		A10-9-20～A10-9-21
031008007	医用真空罐	1.规格、型号 2.安装方式 3.附件材质、规格	台		A10-9-22～A10-9-24
031008008	气水分离器	1.规格 2.型号	台		A10-9-25～A10-9-28
031008009	干燥机	1.规格 2.安装方式	台		A10-9-29
031008010	储气罐	1.规格 2.安装方式	台		A10-9-30～A10-9-31
031008011	空气过滤器	1.规格 2.安装方式	个		A10-9-32～A10-9-34
031008012	集水器	1.规格 2.安装方式	台		A10-9-35
031008013	医疗设备带	1.材质 2.规格	m	按设计图示长度计算	A10-9-36
031008014	气体终端	1.名称 2.气体种类	个	按设计图示数量计算	A10-9-37

注：1.本章适用于常用医疗气体设施器具安装，包括制氧机、液氧罐、二级稳压箱、气体汇流排、集污罐、刷手池、医用真空罐、气体分离器、干燥机、储气罐、空气过滤器、集水器、医疗设备带及气体终端等。

2.气体汇流排安装项目，适用于氧气、二氧化碳、氮气、笑气、氩气、压缩空气等汇流排安装。

3.刷手池安装项目，按刷手池自带全部配件及密封材料编制，本定额中只包括刷手池安装、连接上下水管。

4.空气过滤器安装项目，适用于压缩空气预过滤器、精过滤器、超精过滤器等安装。

K.9 相关问题及说明

K.9.1 管道界限的划分。

1 给水管道室内外界限划分：以建筑物外墙皮 1.5m 为界，入口处设阀门者以阀门为界。

2 排水管道室内外界限划分：以出户第一个排水检查井为界。

3 采暖管道室内外界限划分：以建筑物外墙皮 1.5m 为界，入口处设阀门者以阀门为界。

4 燃气管道室内外界限划分：地下引入室内的管道以室内第一个阀门为界，地上引入室内的管道以墙外三通为界。

K.9.2 管道热处理、无损探伤，应按本规范附录 H 工业管道工程相关项目编码列项。

K.9.3 医疗气体管道及附件，应按本规范附录H工业管道工程相关项目编码列项。

K.9.4 管道、设备及支架除锈、刷油、保温除注明者外，应按本规范附录 M 刷油、防腐蚀、绝热工程相关项目编码列项。

附录 M　刷油、防腐蚀、绝热工程

M.1　刷油工程

刷油工程工程量清单项目设置、项目特征描述的内容、计量单位及工程量计算规则，应按表 M.1 的规定执行。

表 M.1　刷油工程（编码：031201）

项目编码	项目名称	项目特征	计量单位	工程量计算规则	定额编号
031201001	管道刷油	1.除锈级别 2.油漆品种 3.涂刷遍数、漆膜厚度 4.标志色方式、品种	1.m^2 2.m	1.以平方米计量，按设计图示表面积尺寸以面积计算 2.以米计算，按设计图示尺寸以长度计算	A11-2-1～A11-2-23
031201002	设备与矩形管道刷油				A11-2-24～A11-2-48
031201003	金属结构刷油	1.除锈级别 2.油漆品种 3.结构类型 4.涂刷遍数、漆膜厚度	1.m^2 2.kg	1.以平方米计量，按设计图示表面积尺寸以面积计算 2.以千克计量，按金属结构的理论质量计算	A11-2-49～A11-2-117
031201004	铸铁管、暖气片刷油	1.除锈级别 2.油漆品种 3.涂刷遍数、漆膜厚度	1.m^2 2.m	1.以平方米计量，按设计图示表面积尺寸以面积计算 2.以米计算，按设计图示尺寸以长度计算	A11-2-118～A11-2-125 A11-3-334～A11-3-335
031201005	灰面刷油	1.油漆品种 2.涂刷遍数、漆膜厚度 3.涂刷部位	m^2	按设计图示表面积计算	A11-2-126～A11-2-145
031201006	布面刷油	1.除锈级别 2.油漆品种 3.涂刷遍数、漆膜厚度 4.涂刷部位			A11-2-146～A11-2-185
031201007	气柜刷油				A11-2-186～A11-2-202
031201008	玛蹄脂面刷油	1.除锈级别 2.油漆品种 3.涂刷遍数、漆膜厚度			A11-2-203～A11-2-206

续表

项目编码	项目名称	项目特征	计量单位	工程量计算规则	定额编号
031201009	喷漆	1. 除锈级别 2. 油漆品种 3. 涂刷遍数、漆膜厚度 4. 涂刷部位	m^2	按设计图示表面积计算	A11-2-207～A11-2-230
注：1. 管道刷油以米计算，按图示中心线以延长米计算，不扣除附属构筑物、管件及阀门等所占长度。 2. 涂刷部位：指涂刷表面的部位，如设备、管道等部位。 3. 结构类型：指涂刷金属结构的类型，如一般钢结构、管廊钢结构、H 型钢结构等类型。 4. 设备筒体、管道表面积：S=π×D×L，π-圆周率，D-直径，L-设备筒体高或管道延长米 5. 设备筒体、管道表面积也包括管件、法兰、人孔、管口凹凸部分。 6. 带封头的设备面积：S=L×π×D+(D/2)×π×K×N，K-1.05，N-封头个数。					

M.2 防腐蚀涂料工程

防腐蚀涂料工程工程量清单项目设置、项目特征描述的内容、计量单位及工程量计算规则，应按表 M.2 的规定执行。

表 M.2 防腐蚀涂料工程（编码：031202）

项目编码	项目名称	项目特征	计量单位	工程量计算规则	定额编号
031202001	设备防腐蚀	1. 除锈级别 2. 涂刷（喷）品种 3. 分层内容 4. 涂刷（喷）遍数、漆膜厚度	m^2	按设计图示面积计算	A11-3-1～A11-3-6 A11-3-31～A11-3-35 A11-3-56～A11-3-59 A11-3-80～A11-3-83 A11-3-96～A11-3-99 A11-3-116～A11-3-121 A11-3-146～A11-3-149 A11-3-166～A11-3-172 A11-3-201～A11-3-202 A11-3-211～A11-3-213 A11-3-220～A11-3-223 A11-3-240～A11-3-243 A11-3-260～A11-3-263 A11-3-268～A11-3-270 A11-3-274～A11-3-275 A11-3-280～A11-3-283 A11-3-292～A11-3-304 A11-3-314～A11-3-317 A11-3-357～A11-3-360 A11-3-364～A11-3-366 A11-3-370～A11-3-373

续表

项目编码	项目名称	项目特征	计量单位	工程量计算规则	定额编号
031202002	管道防腐蚀	1. 除锈级别 2. 涂刷（喷）品种 3. 分层内容 4. 涂刷（喷）遍数、漆膜厚度	1. m^2 2. m	1. 以平方米计量，按设计图示表面积以面积计算 2. 以米计算，按设计图示尺寸以长度计算	A11-3-7～A11-3-12 A11-3-36～A11-3-40 A11-3-60～A11-3-63 A11-3-76～A11-3-79 A11-3-100～A11-3-103 A11-3-122～A11-3-127 A11-3-150～A11-3-153 A11-3-173～A11-3-179 A11-3-203～A11-3-204 A11-3-214～A11-3-216 A11-3-224～A11-3-227 A11-3-244～A11-3-247 A11-3-264～A11-3-267 A11-3-271～A11-3-273 A11-3-276～A11-3-277 A11-3-284～A11-3-287 A11-3-305～A11-3-313 A11-3-318～A11-3-321 A11-3-339～A11-3-356 A11-3-361～A11-3-363 A11-3-367～A11-3-369 A11-3-374～A11-3-377
031202003	一般钢结构防腐蚀	1. 除锈级别 2. 涂刷（喷）品种 3. 分层内容 4. 涂刷（喷）遍数、漆膜厚度	kg	按一般钢结构的理论重量计算	A11-3-13～A11-3-18 A11-3-41～A11-3-45 A11-3-64～A11-3-67 A11-3-84～A11-3-87 A11-3-104～A11-3-107 A11-3-128～A11-3-133 A11-3-154～A11-3-157 A11-3-180～A11-3-186 A11-3-205～A11-3-206 A11-3-217～A11-3-219 A11-3-228～A11-3-231 A11-3-248～A11-3-251 A11-3-278～A11-3-279 A11-3-288～A11-3-291 A11-3-322～A11-3-325 A11-3-378～A11-3-381
031202004	管廊钢结构防腐蚀			按管廊钢结构的理论重量计算	A11-3-19～A11-3-24 A11-3-51～A11-3-55 A11-3-72～A11-3-75 A11-3-92～A11-3-95 A11-3-112～A11-3-115 A11-3-134～A11-3-139

续表

项目编码	项目名称	项目特征	计量单位	工程量计算规则	定额编号
031202004	管廊钢结构防腐蚀	1.除锈级别 2.涂刷（喷）品种 3.分层内容 4.涂刷（喷）遍数、漆膜厚度	kg	按管廊钢结构的理论重量计算	A11-3-162～A11-3-165 A11-3-187～A11-3-193 A11-3-207～A11-3-208 A11-3-326～A11-3-329 A11-3-236～A11-3-239 A11-3-256～A11-3-259 A11-3-386～A11-3-389
031202005	防火涂料	1.除锈级别 2.涂刷（喷）品种 3.涂刷（喷）遍数、漆膜厚度 4.耐火极限（h） 5.耐火厚度（mm）	m^2	按设计图示面积计算	A11-4-426～A11-4-476
031202006	H型钢制钢结构防腐蚀	1.除锈级别 2.涂刷（喷）品种 3.分层内容 4.涂刷（喷）遍数、漆膜厚度		按设计图示表面积计算	A11-3-25～A11-3-30 A11-3-46～A11-3-50 A11-3-68～A11-3-71 A11-3-88～A11-3-91 A11-3-108～A11-3-111 A11-3-140～A11-3-145 A11-3-158～A11-3-161 A11-3-194～A11-3-200 A11-3-209～A11-3-210 A11-3-232～A11-3-235 A11-3-252～A11-3-255 A11-3-330～A11-3-333 A11-3-382～A11-3-385
031202007	金属油罐内壁房静电				A11-3-390～A11-3-393
031202010	涂料聚合一次	1.聚合类型 2.聚合部位			A11-3-394～A11-3-399
WB031202001	环氧煤沥青防腐	1.涂刷（喷）品种 2.分层内容 3.涂刷（喷）遍数			A11-3-336～A11-3-338

注：1.分层内容：指应注明每一层的内容，如底漆、中间漆、面漆及玻璃丝布等内容。

2.如设计要求热固化需说明。

3.设备筒体、管道表面积：S=π×D×L，π-圆周率，D-直径，L-设备筒体高或管道延长米。

4.阀门表面积：S=π×D×2.5D×K×N，K-1.05，N-阀门个数。

5.弯头表面积：S=π×D×1.5D×2π×N/B，N-弯头个数，B值取定：90°弯头B=4，45°弯头B=8。

6.法兰表面积：S=π×D×1.5D×K×N，K-1.05，N-法兰个数。

7.设备、管道法兰翻边面积：S=π×（D+A）×A，A-法兰翻边宽。

8.带封头的设备面积：S=L×π×D+（D×D/2）×π×K×N，K-1.5，N-封头个数。

9.计算设备、管道内壁防腐蚀工程量，当壁厚大于10mm时，按其内径计算；当壁厚小于10mm时，按其外径计算。

M.3 手工糊衬玻璃钢工程

手工糊衬玻璃钢工程工程量清单项目设置、项目特征描述的内容、计量单位及工程量计算规则，应按表 M.3 的规定执行。

表 M.3 手工糊衬玻璃钢工程（编码：031203）

项目编码	项目名称	项目特征	计量单位	工程量计算规则	定额编号
031203001	碳钢设备糊衬	1. 除锈级别 2. 糊衬玻璃钢品种 3. 分层内容 4. 糊衬玻璃钢遍数	m^2	按设计图示面积计算	A11-5-1～A11-5-4 A11-5-9～A11-5-10 A11-5-15～A11-5-16 A11-5-21～A11-5-22 A11-5-27～A11-5-28 A11-5-33～A11-5-34 A11-5-39～A11-5-40 A11-5-45～A11-5-46 A11-5-51～A11-5-60 A11-5-67～A11-5-73
031203002	塑料管道增强糊衬	1. 糊衬玻璃钢品种 2. 分层内容 3. 糊衬玻璃钢遍数			A11-5-5～A11-5-8 A11-5-11～A11-5-14 A11-5-17～A11-5-20 A11-5-23～A11-5-26 A11-5-29～A11-5-32 A11-5-35～A11-5-38 A11-5-41～A11-5-44 A11-5-47～A11-5-50 A11-5-61～A11-5-66
031203003	各种玻璃钢聚合	聚合次数			A11-5-74

注：1 如设计对胶液配合比、材料品种有特殊要求需说明。

2 遍数指底漆、面漆、涂刮腻子、缠布层数。

M.4 橡胶板及塑料板衬里工程

橡胶板及塑料板衬里工程工程量清单项目设置、项目特征描述的内容、计量单位及工程量计算规则，应按表 M.4 的规定执行。

表 M.4 橡胶板及塑料板衬里工程（编码：031204）

项目编码	项目名称	项目特征	计量单位	工程量计算规则	定额编号
031204001	塔、槽类设备衬里	1. 除锈级别 2. 衬里品种 3. 衬里层数 4. 设备直径	m^2	按图示表面积计算	A11-6-1～A11-6-2 A11-6-21～A11-6-22 A11-6-25 A11-6-27～A11-6-29
031204002	锥形设备衬里	1. 除锈级别 2. 衬里品种 3. 衬里层数 4. 设备直径			A11-6-1～A11-6-2 A11-6-21～A11-6-22 A11-6-25 A11-6-27～A11-6-29
031204003	多孔板衬里	1. 除锈级别 2. 衬里品种 3. 衬里层数			A11-6-3～A11-6-4 A11-6-23～A11-6-24 A11-6-26
031204004	管道衬里	1. 除锈级别 2. 衬里品种 3. 衬里层数 4. 管道规格			A11-6-5～A11-6-8 A11-6-30～A11-6-31
031204005	阀门衬里	1. 除锈级别 2. 衬里品种 3. 衬里层数 4. 阀门规格			A11-6-9～A11-6-12
031204006	管件衬里	1. 除锈级别 2. 衬里品种 3. 衬里层数 4. 管件规格			A11-6-13～A11-6-20
031204007	金属表面衬里	1. 除锈级别 2. 衬里品种 3. 衬里层数			A11-6-32～A11-6-33

注：1. 热硫化橡胶板如设计要求采取特殊硫化处理需注明。
2. 塑料板搭接如设计要去采取焊接需注明。
3. 带有超过总面积 15%衬里零件的贮槽、塔类设备需说明。

M.5 衬铅及搪铅工程

衬铅及搪铅工程工程量清单项目设置、项目特征描述的内容、计量单位及工程量计算规则，应按表 M.5 的规定执行。

表 M.5 衬铅及搪铅工程（编码：031205）

项目编码	项目名称	项目特征	计量单位	工程量计算规则	定额编号
031205001	设备衬铅	1. 除锈级别 2. 衬铅方法 3. 铅板厚度	m^2	按图示表面积计算	A11-7-1～A11-7-3
031205002	型钢及支架包铅	1. 除锈级别 2. 铅板厚度			A11-7-4

续表

<table>
<tr><th>项目编码</th><th>项目名称</th><th>项目特征</th><th>计量单位</th><th>工程量计算规则</th><th>定额编号</th></tr>
<tr><td>031205003</td><td>设备封头、底搪铅</td><td rowspan="2">1. 除锈级别
2. 搪层厚度</td><td rowspan="2">m^2</td><td rowspan="2">按图示表面积计算</td><td>A11-7-5</td></tr>
<tr><td>031205004</td><td>搅拌叶轮、轴类搪铅</td><td>A11-7-6</td></tr>
<tr><td colspan="6">注：设备衬铅如设计要求安装后再衬铅需注明。</td></tr>
</table>

M.6 喷镀(涂)工程

喷镀(涂)工程工程量清单项目设置、项目特征描述的内容、计量单位及工程量计算规则，应按表 M.6 的规定执行。

表 M.6 喷镀(涂)工程（编码：031206）

<table>
<tr><th>项目编码</th><th>项目名称</th><th>项目特征</th><th>计量单位</th><th>工程量计算规则</th><th>定额编号</th></tr>
<tr><td>031206001</td><td>设备喷镀（涂）</td><td rowspan="3">1. 除锈级别
2. 喷镀（涂）品种
3. 喷镀（涂）厚度
4. 喷镀（涂）层数</td><td rowspan="2">1. m^2
2. kg</td><td rowspan="2">1. 以平方米计量，按设计图示表面积尺寸以面积计算
2. 以千克计量，按金属结构的理论质量计算</td><td>A11-8-1～A11-8-2
A11-8-6～A11-8-7
A11-8-9～A11-8-11
A11-8-18～A11-8-21
A11-8-26</td></tr>
<tr><td>031206002</td><td>管道喷镀（涂）</td><td>A11-8-3～A11-8-4
A11-8-12～A11-8-14
A11-8-27
A11-8-29</td></tr>
<tr><td>031206003</td><td>型钢喷镀（涂）</td><td>m^2</td><td>按图示表面积计算</td><td>A11-8-5
A11-8-15～A11-8-17
A11-8-22～A11-8-25</td></tr>
<tr><td>031206004</td><td>一般钢结构喷（涂）塑</td><td>1. 除锈级别
2. 喷镀（涂）品种</td><td>kg</td><td>按图示金属结构质量计算</td><td>A11-8-28</td></tr>
<tr><td>WB031205001</td><td>零部件喷镀（涂）</td><td>1. 喷镀（涂）品种
2. 喷镀（涂）厚度</td><td>m^2</td><td>按图示表面积计算</td><td>A11-8-8</td></tr>
<tr><td>WB031205002</td><td>硅质胶泥沫面</td><td>1. 喷镀（涂）品种
2. 喷镀（涂）厚度</td><td>m^2</td><td>按图示表面积计算</td><td>A11-9-337～A11-9-339</td></tr>
<tr><td>WB031205003</td><td>表面涂刮鳞片胶泥</td><td>1. 喷镀（涂）品种
2. 涂刮面材质</td><td>m^2</td><td>按图示表面积计算</td><td>A11-9-340～A11-9-341</td></tr>
</table>

M.7 耐酸砖、板衬里工程

耐酸砖、板衬里工程工程量清单项目设置、项目特征描述的内容、计量单位及工程量计算规则，应按表 M.7 的规定执行。

表 M.7　耐酸砖、板衬里工程（编码：031207）

项目编码	项目名称	项目特征	计量单位	工程量计算规则	定额编号			
031207001	圆形设备耐酸砖、板衬里	1. 除锈级别 2. 衬里品种 3. 砖厚度、规格 4. 板材规格 5. 设备形式 6. 设备规格 7. 抹面厚度 8. 涂刮面材质	m^2	按图示表面积计算	A11-9-1 A11-9-4 A11-9-7 A11-9-10 A11-9-13 A11-9-16 A11-9-19 A11-9-22 A11-9-25 A11-9-28 A11-9-31 A11-9-34 A11-9-37	A11-9-85 A11-9-88 A11-9-91 A11-9-94 A11-9-97 A11-9-100 A11-9-103 A11-9-106 A11-9-109 A11-9-112 A11-9-115 A11-9-118 A11-9-121	A11-9-169 A11-9-172 A11-9-175 A11-9-178 A11-9-181 A11-9-184 A11-9-187 A11-9-190 A11-9-193 A11-9-196 A11-9-199 A11-9-202 A11-9-205	A11-9-253 A11-9-256 A11-9-259 A11-9-262 A11-9-265 A11-9-268 A11-9-271 A11-9-274 A11-9-277 A11-9-280 A11-9-283 A11-9-286 A11-9-289
031207001	圆形设备耐酸砖、板衬里	1. 除锈级别 2. 衬里品种 3. 砖厚度、规格 4. 板材规格 5. 设备形式 6. 设备规格 7. 抹面厚度 8. 涂刮面材质	m^2	按图示表面积计算	A11-9-40 A11-9-43 A11-9-46 A11-9-49 A11-9-52 A11-9-55 A11-9-58 A11-9-61 A11-9-64 A11-9-67 A11-9-70 A11-9-73 A11-9-76 A11-9-79 A11-9-82	A11-9-124 A11-9-127 A11-9-130 A11-9-133 A11-9-136 A11-9-139 A11-9-142 A11-9-145 A11-9-148 A11-9-151 A11-9-154 A11-9-157 A11-9-160 A11-9-163 A11-9-166	A11-9-208 A11-9-211 A11-9-214 A11-9-217 A11-9-220 A11-9-223 A11-9-226 A11-9-229 A11-9-232 A11-9-235 A11-9-238 A11-9-241 A11-9-244 A11-9-247 A11-9-250	A11-9-292 A11-9-295 A11-9-298 A11-9-301 A11-9-304 A11-9-307 A11-9-310 A11-9-313 A11-9-316 A11-9-319 A11-9-322 A11-9-325 A11-9-328 A11-9-331 A11-9-334
031207002	矩形设备耐酸砖、板衬里	1. 除锈级别 2. 衬里品种 3. 砖厚度、规格 4. 板材规格 5. 设备形式 6. 设备规格 7. 抹面厚度 8. 涂刮面材质	m^2	按图示表面积计算	A11-9-2 A11-9-5 A11-9-8 A11-9-11 A11-9-14 A11-9-17 A11-9-20 A11-9-23 A11-9-26 A11-9-29 A11-9-32 A11-9-35 A11-9-38 A11-9-41 A11-9-44 A11-9-47 A11-9-50	A11-9-92 A11-9-95 A11-9-86 A11-9-89 A11-9-101 A11-9-104 A11-9-107 A11-9-110 A11-9-113 A11-9-116 A11-9-119 A11-9-122 A11-9-125 A11-9-128 A11-9-131 A11-9-134 A11-9-137	A11-9-170 A11-9-173 A11-9-176 A11-9-179 A11-9-182 A11-9-185 A11-9-188 A11-9-191 A11-9-194 A11-9-197 A11-9-200 A11-9-203 A11-9-206 A11-9-209 A11-9-212 A11-9-215 A11-9-218	A11-9-254 A11-9-257 A11-9-260 A11-9-263 A11-9-266 A11-9-269 A11-9-272 A11-9-275 A11-9-278 A11-9-281 A11-9-284 A11-9-287 A11-9-290 A11-9-293 A11-9-296 A11-9-299 A11-9-302

续表

项目编码	项目名称	项目特征	计量单位	工程量计算规则	定额编号			
031207002	矩形设备耐酸砖、板衬里	1. 除锈级别 2. 衬里品种 3. 砖厚度、规格 4. 板材规格 5. 设备形式 6. 设备规格 7. 抹面厚度 8. 涂刮面材质	m^2	按图示表面积计算	A11-9-53 A11-9-56 A11-9-59 A11-9-62 A11-9-65 A11-9-68 A11-9-71 A11-9-74 A11-9-77 A11-9-80 A11-9-83	A11-9-140 A11-9-143 A11-9-146 A11-9-149 A11-9-152 A11-9-155 A11-9-158 A11-9-161 A11-9-164 A11-9-167 A11-9-98	A11-9-221 A11-9-224 A11-9-227 A11-9-230 A11-9-233 A11-9-236 A11-9-239 A11-9-242 A11-9-245 A11-9-248 A11-9-251	A11-9-305 A11-9-308 A11-9-311 A11-9-314 A11-9-317 A11-9-320 A11-9-323 A11-9-326 A11-9-329 A11-9-332 A11-9-335
031207003	锥(塔)形设备耐酸砖、板衬里	1. 除锈级别 2. 衬里品种 3. 砖厚度、规格 4. 板材规格 5. 设备形式 6. 设备规格 7. 抹面厚度 9. 涂刮面材质	m^3	按图示表面积计算	A11-9-3 A11-9-6 A11-9-9 A11-9-12 A11-9-15 A11-9-18 A11-9-21 A11-9-24 A11-9-27 A11-9-30 A11-9-33 A11-9-36 A11-9-39 A11-9-42 A11-9-45 A11-9-48 A11-9-51 A11-9-54 A11-9-57 A11-9-60 A11-9-63 A11-9-66 A11-9-69 A11-9-72 A11-9-75 A11-9-78 A11-9-81 A11-9-84	A11-9-87 A11-9-90 A11-9-93 A11-9-96 A11-9-99 A11-9-102 A11-9-105 A11-9-108 A11-9-111 A11-9-114 A11-9-117 A11-9-120 A11-9-123 A11-9-126 A11-9-129 A11-9-132 A11-9-135 A11-9-138 A11-9-141 A11-9-144 A11-9-147 A11-9-150 A11-9-153 A11-9-156 A11-9-159 A11-9-162 A11-9-165 A11-9-168	A11-9-171 A11-9-174 A11-9-177 A11-9-180 A11-9-183 A11-9-186 A11-9-189 A11-9-192 A11-9-195 A11-9-198 A11-9-201 A11-9-204 A11-9-207 A11-9-210 A11-9-213 A11-9-216 A11-9-219 A11-9-222 A11-9-225 A11-9-228 A11-9-231 A11-9-234 A11-9-237 A11-9-240 A11-9-243 A11-9-246 A11-9-249 A11-9-252	A11-9-255 A11-9-258 A11-9-261 A11-9-264 A11-9-267 A11-9-270 A11-9-273 A11-9-276 A11-9-279 A11-9-282 A11-9-285 A11-9-288 A11-9-291 A11-9-294 A11-9-297 A11-9-300 A11-9-303 A11-9-306 A11-9-309 A11-9-312 A11-9-315 A11-9-318 A11-9-321 A11-9-324 A11-9-327 A11-9-330 A11-9-333 A11-9-336
031207004	供水管内衬	1. 衬里品种 2. 材料材质 3. 管道规格型号 4. 衬里厚度	m^2	按图示表面积计算	A11-6-5～ A11-6-8 A11-6-30～ A11-6-31			
031207005	衬石墨管接	规格	个	按图示数量计算	A11-9-342 A11-9-343			

续表

项目编码	项目名称	项目特征	计量单位	工程量计算规则	定额编号
031207006	铺衬石棉板	部位	m^2	按图示表面积计算	A11-9-344
031207007	耐酸砖板衬砌体热处理				A11-9-345

注：1.圆形设备形式指立式或卧式。

2.硅质耐酸胶泥衬砌块材如设计要求勾缝需注明。

3.衬砌砖、板如设计要求采用特殊养护需注明。

4.胶板、金属面如设计要求脱脂需注明。

5.设备拱砌需注明。

M.8 绝热工程

绝热工程工程量清单项目设置、项目特征描述的内容、计量单位及工程量计算规则，应按表 M.8 的规定执行。

表 M.8 绝热工程（编码：031208）

项目编码	项目名称	项目特征	计量单位	工程量计算规则	定额编号
031208001	设备绝热	1.绝热材料品种 2.绝热厚度 3.设备形式 4.软木品种	m^3	按图示表面积加绝热层厚度及调整系数计算	A11-4-21～A11-4-32 A11-4-53～A11-4-64 A11-4-85～A11-4-98 A11-4-124～A11-4-135 A11-4-161～A11-4-184 A11-4-214～A11-4-216 A11-4-241～A11-4-249 A11-4-284～A11-4-287 A11-4-316～A11-4-327 A11-4-373～A11-4-376
031208002	管道绝热	1.绝热材料品种 2.绝热厚度 3.管道外径 4.软木品种			A11-4-1～A11-4-20 A11-4-33～A11-4-52 A11-4-65～A11-4-84 A11-4-99～A11-4-123 A11-4-136～A11-4-160 A11-4-209～A11-4-213 A11-4-250～A11-4-264 A11-4-280～A11-4-283 A11-4-296～A11-4-315 A11-4-341～A11-4-348 A11-4-365～A11-4-372

续表

项目编码	项目名称	项目特征	计量单位	工程量计算规则	定额编号
031208003	通风管道绝热	1. 绝热材料品种 2. 绝热厚度 3. 软木品种	1. m^3 2. m^2	1. 以立方米计算，按图示表面积加绝热层厚度及调整系数计算 2. 以立方米计量，按图示表面积及调整系数计算	A11-4-338～A11-4-340 A11-4-349～A11-4-354 A11-4-377
031208004	阀门绝热	1. 绝热材料 2. 绝热厚度 3. 阀门规格	m^3	按图示表面积加绝热层厚度及调整系数计算	A11-4-185～A11-4-196 A11-4-217～A11-4-228 A11-4-288～A11-4-291 A11-4-328～A11-4-332 A11-4-355～A11-4-359
031208005	法兰绝热	1. 绝热材料 2. 绝热厚度 3. 阀门规格	m^3	按图示表面积加绝热层厚度及调整系数计算	A11-4-197～A11-4-208 A11-4-229～A11-4-240 A11-4-292～A11-4-295 A11-4-333～A11-4-337 A11-4-360～A11-4-364
WB031208005	复合硅酸铝绳安装	1. 名称 2. 规格	m^3	按图示以体积计算	A11-4-378～A11-4-379
031208006	喷涂、涂抹	1. 材料 2. 厚度 3. 对象	m^2	按图示表面积计算	A11-8-1～A11-8-29
031208007	防潮层、保护层	1. 材料 2. 厚度 3. 层数 4. 对象 5. 结构形式	1. m^2 2. kg	1. 以立方米计算，按图示表面积加绝热层厚度及调整系数计算 2. 以千克计量，按图示金属结构质量计算	A11-4-380～A11-4-425
031208008	保温盒、保温托盘	名称	1. m^2 2. kg		A11-4-477～A11-4-487

注：1. 设备形式指立式、卧式或球形。

2. 层数指一布二油、两布三油等。

3. 对象指设备、管道、通风管道、阀门、法兰、钢结构。

4. 结构形式指钢结构：一般钢结构、H 型钢制结构、管廊钢结构。

5. 如设计要求保温、保冷分层施工需注明。

6. 设备筒体、管道绝热工程量 $V=\pi\times(D+1.033\delta)\times1.033\delta\times L$，π-圆周率，D-直径，1.033-调整系数，δ-绝热层厚度，L-设备筒体高或管道延长米。

7. 设备筒体、管道防潮和保护层工程量 $S=\pi\times(D+2.1\delta+0.0082)\times L$，2.1-调整系数，0.0082-捆扎线直径或钢带厚。

8. 单管伴热管、双管伴热管（管径相同，夹角小于 90° 时）工程量：$D'=D1+D2+(10mm\sim20mm)$，D′-伴热管道综合值，D1-主管道直径，D2-伴热管道直径，(10mm～20mm)-主管道与伴热管道之间的间隙。

9. 双管伴热（管径相同，夹角大于 90° 时）工程量：$D'=D1+1.5D2+(10mm\sim20mm)$。

10. 双管伴热（管径不同，夹角小于 90° 时）工程量：$D'=D1+D_{伴大}+(10mm\sim20mm)$。将注 8、9、10 的 D′ 带入注 6、7 公式即是伴热管道的绝热层、防潮层和保护层工程量。

11. 设备封头绝热工程量：$V=[(D+1.033\delta)/2]^2\times\pi\times1.033\delta\times1.5\times N$，N-设备封头个数。

12. 设备封头防潮和保护层工程量 $S=[(D+12.1\delta)/2]^2\times\pi\times1.5\times N$，N-设备封头个数。

13. 阀门绝热工程量：$V=\pi\times(D+1.033\delta)\times2.5D\times1.033\delta\times1.05\times N$，N-阀门个数。

14. 阀门防潮和保护层工程量 S=π×（D+2.1δ）×2.5D×1.05×N，N-阀门个数。

15. 法兰绝热工程量：V=π×（D+1.033δ）×1.5D×1.033δ×1.05×N，1.05-调整系数，N-法兰个数。

16. 法兰防潮和保护层工程量 S=π×（D+2.1δ）×1.5D×1.05×N，N-法兰个数。

17. 弯头绝热工程量：V=π×（D+1.033δ）×1.5D×2π×1.033δ×N/B，N-弯头个数；B 值：90° 弯头 B=4；45° 弯头 B=8。

18. 弯头防潮和保护层工程量：S=π×（D+2.1δ）×1.5D×2π×N/B，N-弯头个数；B 值：90° 弯头 B=4；45° 弯头 B=8。

19. 拱顶罐封头绝热工程量：V=2πr×(h+1.033δ)×1.033δ。

20. 拱顶罐封头防潮和保护层工程量 S=2πr×(h+2.1δ)。

21. 绝热工程第二层（直径）工程量：D=（D+2.1δ）+0.0082，以此类推。

22. 计算规则中调整系数按注中的系数执行。

23. 绝热工程前需除锈、刷油，应按本附录 M.1 刷油工程相关项目编码列项。

M.9 管道补口补伤工程

管道补口补伤工程工程量清单项目设置、项目特征描述的内容、计量单位及工程量计算规则，应按表 M.9 的规定执行。

表 M.9 管道补口补伤工程（编码：031209）

<table>
<tr><th>项目编码</th><th>项目名称</th><th>项目特征</th><th>计量单位</th><th>工程量计算规则</th><th>定额编号</th></tr>
<tr><td>031209001</td><td>刷油</td><td>1. 除锈级别
2. 油漆品种
3. 涂刷数遍
4. 管外径</td><td rowspan="3">1. m²
2. 口</td><td rowspan="3">1. 以平方米计量，按设计图示表面积计算
2. 以口计量，按设计图示数量计算</td><td>A11-10-1～A11-10-9</td></tr>
<tr><td>031209002</td><td>防腐蚀</td><td>1. 除锈级别
2. 材料
3. 管道外径</td><td>A11-10-10～A11-10-156</td></tr>
<tr><td>031209003</td><td>绝热</td><td>1. 绝热材料品种
2. 绝热厚度
3. 管道外径</td><td>A11-4-1～A11-4-20
A11-4-33～A11-4-52
A11-4-65～A11-4-84
A11-4-99～A11-4-103
A11-4-104～A11-4-123
A11-4-136～A11-4-140
A11-4-141～A11-4-160
A11-4-209～A11-4-213
A11-4-250～A11-4-264
A11-4-265～A11-4-279
A11-4-280～A11-4-283
A11-4-296～A11-4-315
A11-4-341～A11-4-343
A11-4-344～A11-4-348
A11-4-365～A11-4-372</td></tr>
</table>

M.10　阴极保护及牺牲阳极

阴极保护及牺牲阳极工程量清单项目设置、项目特征描述的内容、计量单位及工程量计算规则，应按表 M.10 的规定执行。

表 M.10　阴极保护及牺牲阳极（编码：0312010）

项目编码	项目名称	项目特征	计量单位	工程量计算规则	定额编号
031210001	阴极保护	1. 仪表名称、型号 2. 检查头数量 3. 通电点数量 4. 电缆材质、规格、数量 5. 调试类别	站	按图示数量计算	A11-11-1～A11-11-6
031210002	阳极保护	1. 废钻杆规格、数量 2. 均压线材质、数量 3. 阳极材质、规格	个	按图示数量计算	A11-11-7～A11-11-16
031210003	牺牲阳极	材质、袋装数量			A11-11-20～A11-20-27
WB031210001	检查头通电点均压线	名称	处	按图示数量计算	A11-11-17～A11-11-19
WB031210002	排流器	名称	台	按设计的数量计算	A11-11-28～A11-11-29
WB031210003	接地极	1. 名称 2. 材质	支	按设计的数量计算	A11-11-30～A11-11-32
WB031210004	接地引线	名称	m	按设计的长度计算	A11-11-33
WB031210005	化学降组	名称	支	按设计的数量计算	A11-11-34
WB031210006	接地降组	名称	组	按设计的数量计算	A11-11-35
WB031210007	测试桩接线	名称	对	按设计的数量计算	A11-11-36～A11-11-37
WB031210008	检查片制安	名称	个	按设计的数量计算	A11-11-38～A11-11-39
WB031210009	测试探头安装	名称	个	按设计的数量计算	A11-11-40
WB031210010	绝缘性能测试	名称	处	按设计的数量计算	A11-11-41
WB031210011	保护装置安装	名称	个	按设计的数量计算	A11-11-42～A11-11-44
WB031210012	阴保系统调试	名称	m	按设计的长度计算	A11-11-45
WB031210013	站内强制电流	名称	站	按设计的数量计算	A11-11-46
WB031210014	站内牺牲阳极	名称	组	按设计的数量计算	A11-11-47

M.11　除锈工程

除锈工程工程量清单项目设置、项目特征描述的内容、计量单位及工程量计算规则，应按表 M.11 的规定执行。

表 M.11　除锈工程（编码：031211）

项目编码	项目名称	项目特征	计量单位	工程量计算规则	定额编号
WB031211001	手工除锈	1.除锈 2.除尘	1.m^2 2.kg	1.以平方米计量，按设计图示表面积尺寸以面积计算 2.以千克计量，按金属结构的理论质量计算	A11-1-1～A11-1-10
WB031211002	动力工具除锈		m^2	以平方米计量，按设计图示表面积尺寸以面积计算	A11-1-11～A11-1-20
WB031211003	喷射除锈	运砂、烘砂、喷砂、砂子回收、现场清理及修理工机具。	1.m^2 2.kg	1.以平方米计量，按设计图示表面积尺寸以面积计算 2.以千克计量，按金属结构的理论质量计算	A11-1-21～A11-1-50
WB031211004	化学除锈	酸液，酸洗，中和，吹干，检查。	m^2	以平方米计量，按设计图示表面积尺寸以面积计算	A11-1-57～A11-1-58
WB031211005	抛丸除锈	上料、预热、抛丸、喷漆、烘干、卸料、钢粉末及铁锈回收、现场清理		按设计图示表面积计算	A11-1-51～A11-1-56

M12　相关问题及说明

M.12.1　刷油、防腐蚀、绝热工程适用于新建、扩建项目中的设备、管道、金属结构等的刷油、防腐蚀、绝热工程。

M.12.2　一般钢结构（包括吊、支、托架、梯子、栏杆、平台）、管廊钢结构以千克（kg）为计量单位；大于 400mm 型钢及 H 型钢制结构以平方米（m^2）为计量单位，按展开面积计算。

M.12.3　由钢管组成的金属结构的刷油按管道刷油相关项目编码，由钢板组成的金属结构的刷油按 H 型钢刷油相关项目编码。

M.12.4　矩形设备衬里按最小边长塔、槽类设备衬里相关项目编码。

附录N　措施项目

N.1　专业措施项目

专业措施项目工程量清单项目设置、项目特征描述的内容、计量单位及工程量计算规则，应按表N.1的规定执行。

表 N.1　专业措施项目（编码：031301）

项目编码	项目名称	工作内容及包含范围
031301001	吊装加固	1.行车梁加固 2.桥式起重机加固及负荷试验 3.整体吊装临时加固件，加固设施拆除、清理
031301002	金属抱杆安装、拆除、移位	1.安装、拆除 2.位移 3.吊耳制作安装 4.拖拉坑挖埋
031301003	平台铺设、拆除	1.场地平整 2.基础及支墩砌筑 3.支架型钢搭设 4.铺设 5.拆除、清理
031301004	顶升、提升装置	安装、拆除
031301005	大型设备专用机具	
031301006	焊接工艺评定	焊接、试验及结果评价
031301007	胎（模）具制作、安装、拆除	制作、安装、拆除
031301008	防护棚制作安装拆除	防护棚制作、安装、拆除
031301009	特殊地区施工增加	1.高原、高寒施工防护 2.地震防护
031301010	安装与生产同时进行施工增加	1.火灾防护 2.噪音防护
031301011	在有害身体健康环境中施工增加	1.有害化合物防护 2.粉尘防护 3.有害气体防护 4.高浓度氧气防护

续表

项目编码	项目名称	工作内容及包含范围
031301012	工程系统检测、检验	1.起重机、锅炉、高压容器等特种设备安装质量监督检验检测 2.由国家或地方检测部门进行的各类检测
031301013	设备、管道施工的安全、防冻和焊接保护	保证工程施工正常进行的防冻和焊接保护
031301014	焦炉烘炉、热态工程	1.烘炉安装、拆除、外运 2.热态作业劳保消耗
031301015	管道安拆后的充气保护	充气管道安装、拆除
031301016	隧道内施工的通风、供水、供气、供电、照明及通信设施	通风、供水、供气、供电、照明及通信设施安装、拆除
031301017	脚手架搭拆	1.场内、场外材料搬运 2.搭、拆脚手架 3.拆除脚手架后材料的堆放
031301018	其他措施	为保证工程施工正常进行所发生的费用
WB031301001	建筑物超高增加费	1.高层施工引起的人工工效降低以及由于人工工效降低引起的机械降效 2.通信联络设备的使用
WB031301002	操作高度增加费	1.操作高度增加引起的人工工效降低以及机械降效

注：1.由国家或地方检测部门进行的各类检测，指安装工程不包括的属经营服务性项目，如通电测试、防雷装置检测、安全、消防工程检测、室内空气质量检测等。

2.脚手架按各附录分别列项。

3.其他措施项目必须根据实际措施项目名称确定项目名称，明确描述工作内容及包含范围。